鳥はなぜ鳴く？ ホーホケキョの科学

松田道生・著
中村文・絵

理論社

はじめに

スズメのチュンチュン、ハシブトガラスのカーカー、キジバトのデデポーポー、トビのピーヒョロロ、そしてウグイスのホーホケキョ。

だれもが毎日、なにげなく鳥の声を耳にしていると思います。

実は、鳥ほどよく鳴く生き物はいないのです。

鳥たちは、なぜ鳴いているのでしょうか?

私たち人間は、言葉を使ってコミュニケーションをとります。

「こんにちは」「今、どこ?」

「そっちへ行くと危ないよ」「近寄るなよ!」

「大好き!」「結婚《けっこん》しようよ」

同じように、鳥たちも鳴き声でおたがいに気持ちを表したり、コミュニケーションをとったりしているのです。

この本では、たくさんいる鳥のなかから、ウグイスの「ホーホケキョ」

というおなじみの鳴き声をとり上げました。意味や効果、声の出し方、いつから鳴いていつ鳴きやむのか、地域によるちがいは……。さまざまな角度から科学的に見ることで、ウグイスの習性だけではなく、鳥という生き物の生き方まで広く紹介《しょうかい》していきます。

ウグイスを選んだのは「ホーホケキョ」という声がとても身近で、ほとんどの人が聞いたことのある鳴き声だからです。日本中どこにでもいて、長い間さえずる鳥なので、声を聞く機会が多いのです。

だからこそウグイスは古くから日本の文化や芸術に影響《えいきょう》を与《あた》えてきました。日本人が「ホーホケキョ」をどう聞き、どう親しんだかを考えると、日本人の自然観や感性についてわかっておもしろいと思います。

この本を読んでから外から聞こえる鳥の声に耳を傾けると、今までとはちがう耳で、鳥たちの生活の様子が感じられるはずです。

鳥の声を知ることで見える世界が変わり、いろいろなことに興味をもつきっかけとなってくれたら、うれしく思います。

鳥はなぜ鳴く？　目次

ウグイスってこんな鳥

全長《ぜんちょう》(平均)15.6cm　重さ18g
※オスはメスより2割くらい大きい

好きな場所
藪《やぶ》の中
庭や公園の茂《しげ》み
苦手な場所
よく見えるところ
木のてっぺん

全長はほぼ同じ。
体型がちがうので、見た目の大きさはちがって見える。

声の科学 編

ホーホケキョの声のひみつ

第一章 「ホーホケキョ」の意味

この本では、身近な鳥の鳴き声から
鳥という生き物のふしぎを解き明かしていきたいと思います。
まずはウグイスがどんな鳥なのか
そして「ホーホケキョ」に
どんな意味があるのか紹介《しょうかい》します。

身近な鳥の声「ホーホケキョ」

ウグイスの声は出会う機会の多い声

鳥の鳴き声にはいくつかの種類があります。

大きく分けると「さえずり」と「地鳴《じな》き」の2種類です。さえずりの代表的な例が、ウグイスの「ホーホケキョ」という鳴き声です。

ウグイスの鳴き声「ホーホケキョ」は、日本の自然のなかでいちばん聞く機会の多い小鳥のさえずりだと思います。日本に住んでいれば、どこかで「ホーホケキョ」という鳴き声を聞いたことがあるはずです。

ウグイスは、日本列島とその周辺だけで見られる鳥です。

世界的には分布《ぶんぷ》のせまい鳥ですが、日本のなかでは、北は北海道から南は沖縄まで広く分布しています。また、平地から亜高山帯《あこうざんたい》の森林限界まで、標高の低いところから高いところにまで生息しています。ウグイスのように、南北にわたり、また平地から山地まで、さまざまな環境《かんきょう》に広く生息す

ウグイスがどこからどこまでいるか（分布図）

る鳥は実はまれです。日本人がもっとも身近に感じる鳥といえばスズメだと思いますが、スズメは人の暮らしに近い場所を好む鳥なので、人里離《はな》れた山奥《やまおく》では見かけません。いっぽうウグイスは、だいたい地面から1m以内の低い植物が生えているところ、いわゆる藪《やぶ》が広がっている自然があれば、どこにでもいます。だから、家の庭でも川原でも山奥でも、日本のさまざまな場所でウグイスの鳴き声を聞くことができるのです。

「ホーホケキョ」と鳴くのは約半年

ウグイスがいつごろ「ホーホケキョ」と鳴くか気づいていますか?

ウグイスが「ホーホケキョ」と鳴き始めるのは早ければ2月、鳴きやむのは8月です。一年中鳴いているわけではありませんが、それでも一年のうちの半分、半年は鳴いていることになります。

ヤイロチョウやミゾゴイなどの鳥は、わずか2週間くらいしかさえずらないと言われています。ウグイスのように長い間さえずり続ける小鳥は、実は多くないのです。

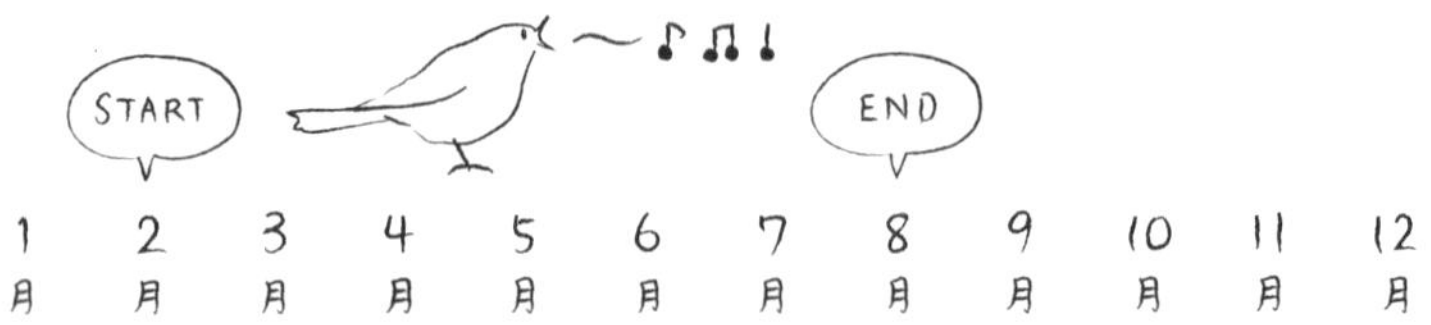

また、ウグイスは、あちこちでいっせいに「ホーホケキョ」と鳴きはじめるわけではありません。どんな場所で鳴くのか、実は順番が決まっています。鳴き始めるのは、平地です。まずは都会の公園や庭に来て鳴いてくれます。関東地方から南の平地であれば、ウメやサクラの花見に行くころ、さえずりを聞くことができると思います。

4月下旬《げじゅん》になるとウグイスは平地から山地に移動するので、ゴールデンウィークごろは山へハイキングに行けば声を聞くことができます。さらに、夏休みになってもキャンプに行けば森のなかで鳴いているはずです。それだけ、ウグイスの「ホーホケキョ」は出会いの多い鳥の鳴き声です。

ウグイスは1日のうち鳴いている時間も長い

小鳥のなかには夜明け前後しか鳴かないものもいます。たとえば、奄美《あまみ》大島《おおしま》で出会ったオオトラツグミは夜明け前10分間しかさえずりませんでした。同じツグミの仲間のマミジロも10数分でした。

しかし、ウグイスはそうではありません。ウグイスの鳴き始める時間は夜明け前後。そして昼間も鳴き、日が沈《しず》むとともに鳴きやみます。多くの鳥は午後はだいたい鳴きやんでしまうので、昼下がりの森で聞こえる小鳥の声はウグイスだけということがよくあります。

いずれにしても、私たちがいちばん耳にする野鳥のさえずりはウグイスと言っても過言ではありません。1年を通じて1日を通じて、これだけ鳴き続けるウグイス。このさえずりについて考えると、いろいろなことがわかります。

ウグイスってどんな鳥? 大きさ・重さ・色

日本でふつうに目にする約100種類の鳥の1つ

世界には、およそ1万種類の鳥がいます。日本で記録された鳥は、600種あまりです。これは、日本海側の離島《りとう》で数回しか記録されたことのない鳥や、北海道、沖縄、小笠原《おがさわら》列島などにしかいない鳥、トキやコウノトリといった絶滅《ぜつめつ》のおそれがある鳥もふくめた数字です。

ですから、たとえば東京や大阪に住み、近くの公園に行くなどしてふだん見ることができる鳥は、四季を通して100種くらい。ウグイスは、このふつうに見ることができる100種くらいの鳥のなかに入ります。

ウグイスの全長はスズメとだいたい同じ

ウグイスの全長はオス16・2㎝、メス13・4㎝です。図鑑《ずかん》によっては14〜15・5㎝、あるいはオス16㎝、メス14㎝と書かれています。目安なのでミリ単位までこだわる必要はありません。ウグイスの大きさは、スズメの14・5㎝と比べてほぼ同じと思ってください。

オスとメスでは、2割近くちがいがあります。大きさがあまりにもちがうので、オスとメスが別の鳥だと思われていた時代もあったほどです。

鳥の多くは、オスのほうが大きいのがふつうです。オスは戦うことがあるので、より身体が大きくて強い個体が生き残るからです。ウグイスの場合は、身体が大きな方が大きな声を出せるために、生存競争では有利になります。そのためオスはメスに比べて大きくなる傾向《けいこう》があります。

全長《ぜんちょう》が同じでも、大きさはちがって見える

野外で運良くウグイスを見ると、スズメより小さく見えます。これは、ウグイスのほうが全長のなかで尾《お》がしめる割合が大きく、胴体《どうたい》の部分が小さいからです。ウグイスの体つきは、スズメに比べてやせています。くちばしも細く、尾も細く長めで、全体にスマートな体型をしています。

鳥の大きさは、環境《かんきょう》によってちがって見えます。まわりに何かあるか、ないかでも、印象が変わります。

ちなみに体重は18gで、1円硬貨《こうか》18枚分です。ためしに1円玉を18枚手に乗せてみてください。とても軽く感じるはずです。

ふんわりとした羽毛におおわれているせいか、鳥は見た目の印象より実際には軽い身体をしています。鳥の骨の中は空洞《くうどう》に近く、肺は大きいものが2つ、それぞれ肺のまわりに左右5つの小さな気嚢《きのう》（P73参照）があるなど、飛ぶために体が軽くできているのです。

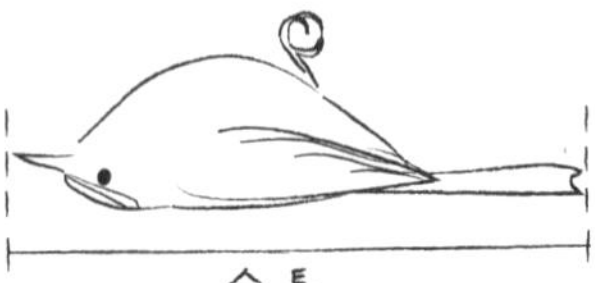

コラム　鳥の大きさの測り方

ふつう鳥の大きさは、くちばしの先から尾の先までの長さで測ります。これを〝全長〟と言います。頭の上から足までならば身長とか体長という言葉を使いますが、鳥の場合はくちばしから尾までのためちがう言葉を使っています。ですから、どんなに脚《あし》が長くても測定値には入りません。足の短い私は、つくづく鳥に産まれたいと思います。

今、発売されている野鳥の図鑑《ずかん》を開くと、鳥の名前の後には数字が書かれていると思います。これが全長です。計測するときは、乾燥《かんそう》して縮んでしまった剥製《はくせい》ではなく、生きた鳥で計ります。ただ、全長はオス・メス、成長段階、季節などによるちがいがありますので、あくまでも目安です。

全長がわかるとバードウォッチングで役立ちます。たとえばスズメは14・5cm、ムクドリは24cmとおぼえておけば「スズメより大きくてムクドリより小さな鳥だから、14・5〜24cmの全長に当てはまる鳥のどれかかな？」と図鑑で探せるようになります。

「ウグイス色」ってどんな色？

ウグイスの身体の色は、とても地味です。
頭から尾《お》の先まで、褐色《かっしょく》をしています。薄《うす》い茶色に少し緑色が入った感じの色です。喉《のど》から胸、おなかのほうは色が薄め、目の上には眉《まゆ》のように薄いラインが入っています。身体には、目立つ斑点《はんてん》などの模様はありません。オスもメスも同じ色で、身体の色からはオス・メスを区別できません。

実際に鳥を見るときは、角度や明るさで見え方が微妙《びみょう》にちがうので必ずこの色に見えるとは断言できませんが、ウグイスの色を紙の色で言うと、色上質紙などの「うぐいす色」よりももっと茶色がかっていて「オリーブ色」に近い色をしています。オリーブ色の紙をこの本の見返し（表紙と本文の間の紙）に使ったので、見てみてくださいね。

ついウグイスの色を地味と書きましたが、鳥の色覚《しきかく》は人とはちがうのでウグイス同士ではきれいに見えているのかもしれません。また、目立たないことは生き延びる戦略になるので、命をかけた身体の色とも言えます。

ヤブ色ウグイス

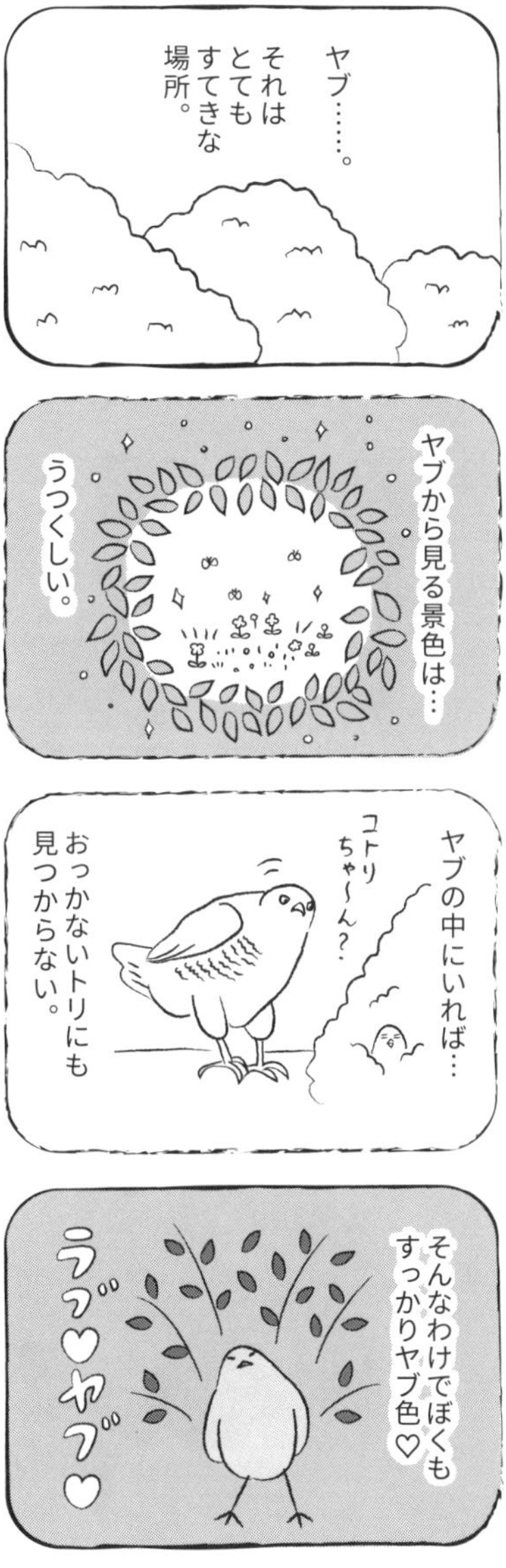
ヤブ……。
それはとてもすてきな場所。
ヤブから見る景色は…
うつくしい。
ヤブの中にいれば…
コトリちゃ〜ん？
おっかないトリにも見つからない。
そんなわけでぼくもすっかりヤブ色♡
ラブ♡ヤブ♡

ウグイスはどこにいる？ 鳥の移動と「渡《わた》り」

移動する鳥としない鳥がいる

ウグイスは春から夏にかけて平地から山地に移動する、と最初に書きました。ウグイスのように、季節に合わせて住む場所を変える鳥はたくさんいます。どんなふうに移動するかによって、いくつかの呼び名があります。鳥たちの渡《わた》りはとても律儀《りちぎ》です。繁殖地《はんしょくち》も越冬地《えっとうち》も、はては中継地《ちゅうけいち》もかなりピンポイントで決まっていて、毎年それをくり返します。コースは親から子へ伝承《でんしょう》されている可能性があります。

日本に春から夏に訪れて繁殖（子育て）する鳥を「夏鳥《なつどり》」、秋から冬に来て越冬する鳥を「冬鳥《ふゆどり》」。繁殖地はもっと北にあり越冬地ももっと南にあり、秋と冬に日本を通過する鳥を「旅鳥《たびどり》」と言います。

また、一年中、同じ所にいて移動しない鳥を「留鳥《りゅうちょう》」。山地で繁殖して平地で越冬し、日本国内のみを移動する鳥を「漂鳥《ひょうちょう》」と呼んでいます。た

だ、これは日本のような海にかこまれた国での話です。アメリカやロシアのような広い国土であれば漂鳥が多くなってしまうので、最近はあまり使われなくなりました。

ウグイスは日本国内を季節ごとに移動

ウグイスは、日本列島を南北、あるいは標高の高いところと低いところを、季節によって移動しています。

環境省《かんきょうしょう》が調査をした春から夏の繁殖調査では、ウグイスは北は北海道から南は沖縄本島までほとんどの地域で記録され、全国で繁殖していることがわかっています。

秋から冬の越冬調査では北海道ではまったく記録されなくなり、東北、北陸、中部、山陰《さんいん》地方でもほとんど記録がなくなります。ウグイスは、冬は関東地方の太平洋側から東海、紀伊半島、瀬戸内海沿岸、九州全域ですごしています。

繁殖と越冬の分布の仕方から、少なくとも北海道のウグイスは本州から

九州地方の暖かい地方に移動していることがわかります。

ウグイスの移動（渡《わた》り）

鳥の渡りは、脚《あし》に金属製のリングをつけて調べます。

調査の結果でおもしろいのは、日本海側で捕獲《ほかく》されたものは日本海沿いに南北に移動しているものの、太平洋側の関東や中部地方で捕獲されたものはあまり移動していないことです。温暖な太平洋側のウグイスは、あまり移動をしないのかもしれません。

最長の移動記録は、山形県から沖縄県の石垣島《いしがきじま》までの２１９７㎞です。これは直線の距離《きょり》なので、鳥自体はもっと長距離を移動していることになります。山形県で捕獲されたときがすでに移動中であったとすると、もっと長距離を渡った可能性があります。

いずれにしても、ウグイスが日本国内を季節によって移動していることはまちがいありません。

ウグイスは平地に何か月くらい留まる？

平地にいつからいつまでいるのか、私の記録を載《の》せておきます。東京都文京区にある庭園・六義園《りくぎえん》でのウグイスの記録です。だいたい10月終わりから11月上旬《じょうじゅん》に山から下りてきて、いなくなるのは4月中下旬です。この記録では六義園に約半年間留まっていることがわかります。毎年ほぼ同じ時期に来て同じ時期に去ると言っていいでしょう。

ウグイスはいつからいつまでいるのか

（東京都・六義園）

1984年
㊓11月11日　㊏4月18日

1985年
㊓11月3日　㊏4月13日

1986年
㊓11月8日　㊏4月12日

1987年
㊓10月31日　㊏4月18日

1988年
㊓10月28日　㊏4月9日

1989年
㊓10月28日　㊏4月29日

1990年
㊓11月5日　㊏4月22日

㊓初認日《しょにんび》　㊏終認日《しゅうにんび》

※初認日はそのシーズン初めて姿を見た日・または声を聞いた日（必ずしも「ホーホケキョ」を初めて聞いた日ではありません）、終認日はそのシーズン最後の記録です。

ちなみに栃木県の日光《にっこう》では秋から冬はウグイスがいません。春になると山に登ってきたという感じでさえずりを聞くようになります。六義園《りくぎえん》のように毎週はチェックしていませんが、だいたい4月上旬にやってきます。まだ六義園にもウグイスがいるころなので、半月から1ヶ月近く時期がかぶります。日光のウグイスはもっと南からやってくるのかもしれません。

ウグイスの「ホーホケキョ」の意味

「ホーホケキョ」は、オスによる恋《こい》の歌

ウグイスの「ホーホケキョ」という鳴き方を〝さえずり〟と言います。さえずりという言葉はたんに「小鳥の鳴き声」という意味で使われることがありますが、生物学では「オスがメスを呼ぶ、あるいは求愛、加えてなわばり宣言の意味がある鳴き方」と定義されています。「オスが長い間きれいな声で鳴き続ける鳴き方」と状態をさして言う場合もあります。

ところで「ウグイス嬢《じょう》」といえば野球場でのアナウンスや選挙の宣伝カーで支持を訴《うった》える女性のこと。

しかし、鳥のウグイスではメスはさえずらず、オスがさえずります。オスが大きな声でさえずるのは、強くて健康な証拠《しょうこ》。複雑な節回しを歌えるのは頭のよいことになります。メスがそのようなオスを見たらイケメンに見え、他のオスは「これはかなわない」と思ってしまうわけです。

恋《こい》の主導権はメスにある

鳥の多くは、メスがオスが選びます。メスに恋の選択権《せんたくけん》があるのです。ウグイスもメスに選択権があると思います。力強い「ホーホケキョ」というさえずりを聞いたメスは「まあ、大きな声のオスね。このオスなら、卵を産みヒナを育てるための食べ物に不自由しないなわばりを確保してくれるはず。そして、なにより強い遺伝子をもらって、未来永劫《えいごう》にわたってウグイスという種を繁栄《はんえい》させることができるわ」と思う……かどうかわかりませんが、結果として「ホーホケキョ」を聞いてメスがオスを選び子孫

を残してきました。そうして何千万年間、何万世代にわたり、ウグイスという種がこの地球上に存続してきたことになります。

ウグイスは「ホーホケキョ」を合い言葉に、種を存続させてきたのです。

さえずりは、ほかのオスへの「なわばり主張」でもある

オスの「ホーホケキョ」というさえずりを人の言葉にするなら「俺《おれ》はウグイスのオスだぞ」と翻訳《ほんやく》するのがいちばん適切かと思います。そして、このなかに「俺は強いぞ」「俺は頭がいいぞ」そして「他のオスは俺のなわばりに入るな」という意味もふくまれていることになります。

〝なわばり〟と言うとまるでヤクザの世界の言葉のようですが、これも生物学の世界ではちゃんと定義されている言葉です。かんたんに言うと「防衛する地域」とか「守られるエリア」となります。防衛するためには闘争《とうそう》が行われ、生き物によっては身体をぶつけ合って戦います。

野鳥もときにオス同士が身体を張って戦うことがありますが、多くはさえずることで問題解決。鳥は、とても平和的な生き物なのです。

さえずりはオオカミの遠吠えと同じ

さえずりは、哺乳類《ほにゅうるい》でいえばオオカミやライオンなどの遠吠《とおぼ》えや雄叫《おたけ》び、ゴリラのオスが胸を叩くのと同じです。また、イヌのオスが角ごとにおしっこをしてマーキングをするのとほぼ同じ意味の行動です。

しかし、小鳥のさえずりを私たち人が聞くと、不思議と癒《いや》されたり元気になったりします。これが野鳥の魅力《みりょく》の一つだと思います。

さえずり合うことで、なわばり争いを平和的に解決

鳥の図鑑《ずかん》を開いたらウグイスの仲間の載《の》ったページを見てください。同じような鳥が並んでいませんか？

みんな大きさはスズメくらい。頭から尾《お》の先まで褐色《かっしょく》で、模様はほとんどありません。この微妙《びみょう》なちがいを藪《やぶ》のなかにいるウグイスのような小鳥でしっかり見分けるのは至難のわざです。

ウグイスたちはどうやって仲間を見分けているのでしょうか？

実はこれらの鳥はすべてさえずりがちがうので、さえずりを聞けば、どんなに似ている小鳥でも区別できます。ウグイス以外に「ホーホケキョ」と鳴く小鳥はいないので、もしウグイスの仲間同士が森のなかですれちがっても、おたがいさえずりを聞いて、同じ種類かどうか判断できるのです。

ちがう種類とわかれば、争わずに無視してもかまいません。種類がちがうということは住む場所や食べものがちがうということで、競争する必要がないからです。しかし、同じ種類であれば、せっかく結婚《けっこん》したメスを取られてしまうかもしれませんし、確保したなわばりを侵略《しんりゃく》されるかもしれないので、より大きな声でさえずり返し、こちらの方が強いことを主張しなくてはなりません。

ウグイスなどの小鳥たちは、さえずり合うことで戦いをさけ、平和的に問題を解決していることになります。

ちなみに小鳥の鳴き方には、さえずりのほかにもいろいろな種類がありえます。もちろん、ウグイスも「ホーホケキョ」以外の鳴き方があります。それについては後でくわしく紹介《しょうかい》します。

さえずり勝負

第二章
ウグイスは1日に2000回以上鳴く
～驚《おどろ》きの回数とその理由～

「ホーホケキョ」というさえずりをよく聞くのは
ウグイスが1日に鳴く回数がとても多いからです。
鳴く時間帯や鳴く回数は
鳥によってちがっているのです。

鳥は何時ごろ鳴く？

小鳥がよく鳴く時間と、鳴かない時間がある

実は、鳥がよく鳴く時間帯とあまり鳴かない時間帯があることに気づいているでしょうか。ウグイスがいつ鳴いているかの話をする前に、ほかの多くの鳥たちが、1日のうちいつ鳴いているのかを見ていきましょう。

私が栃木県の日光《にっこう》に鳥の声を録音するために通い始めて、30年近くになります。

かつて林道を昼間、車で走っていると、よくツグミの仲間のアカハラという鳥の姿を見ました。しかし、さえずりを聞くことはあまりありませんでした。そのときは「こんなにアカハラがいるのにどうして鳴かないのだろう」と疑問に思っていました。

野鳥録音を始めるようになってからは、午前3時に起きて3時半には山のなかに着くように出かけることが増えました。まだ真っ暗な山道をヘッ

ドライトだけをたよりに走っていると、アカハラのさえずりがさかんに聞こえました。山全体がアカハラのさえずりで満ちあふれていました。このとき姿が見えたアカハラは、モミの木のてっぺんで星空をバックに鳴いていました。

夜明け前、森に鳥たちのコーラスがわきあがる

さえずっていないと思っていたアカハラですが、実は夜明け前の暗いうちに鳴いていたのです。そして、しばらくしてさえずりはじめたのはアカハラばかりではありません。ルリビタキ、エゾムシクイ、ビンズイ、キビタキ、オオルリといった鳥たちもさえずりはじめ、谷間から野鳥たちのコーラスがわき上がってきます。野鳥たちの歌声に、私の耳がはしゃぎ鼓《こ》膜《まく》が喜びます。全身にさえずりのシャワーを浴びる至福のときです。

そして、あたりが明るくなる4時を過ぎると、もうさえずりは下火になり、すっかり明るくなった5時では静かな印象さえありました。野鳥たちは、夜明け前の暗いうちにさえずり合っていたのです。

アカハラ

トワイライト・ソング

Binzui
Oruri
Akahara
Mushikui
Kibitaki
Ruribitaki
Komadori

鳥の時間割

たとえば、2016年6月12日の日光霧降高原《にっこうきりふりこうげん》での録音を聞くと、3時46分にキビタキが最初にさえずりはじめました。アカハラが56分、カッコウは57分、そしてウグイスは4時2分でした。この日の日の出の時刻は4時21分ですから4時を過ぎるころにはもう明るくなっています。そして、4時30分を過ぎると鳥の鳴き声は静かになりました。

このように、野鳥たちは夜明け前の暗いうちにさえずり、明るくなると鳴きやむ習性があったのです。

早朝に鳴く理由①　声を遠くまで届けられる

鳥たちが早朝にさえずる理由はいくつかあります。日が昇《のぼ》る前は、空気が安定していて風がありません。風が立てる音に影響《えいきょう》されることなく遠くまで声を届けることができます。また、早朝の寒さも理由のひとつと考えられます。音が伝わる速度は気温の影響を受けるからです。高原では夏で

もフリースが必要なほど冷え込《こ》みます。夜から朝にかけては地上が冷えて上空が暖かいため、音の波が上空で屈折《くっせつ》し遠くまで届きやすくなります。

早朝に鳴く理由② 虫を捕《つか》まえるのが難しい？

夜明け前はまだ暗く、食べ物となる昆虫《こんちゅう》を捕まえるのがかんたんではありません。それに、山の夜明けは寒いので、そもそもまだ虫たちは活動していません。ですから学者のなかには、することがなく、鳥にとってはいちばんヒマな時間だから鳴くのだという人もいます。

早朝に鳴く理由③ セミの声に邪魔《じゃま》されずに鳴ける？

初夏の森林に行くと、セミの大合唱で鳥の声が聞こえないことがあります。関東地方の山地だと、エゾハルゼミが5月下旬《げじゅん》から7月いっぱい、ちょうど野鳥たちがいちばん鳴かなくてはならない時期に、にぎやかです。

考えてみると、地球上に鳥が出現したときにはすでにセミが鳴いていたはず。鳥はセミが鳴く時間をさけるように進化したのかもしれません。

セミは変温動物なので温度の低い朝は活動していません。セミが音を出し始めるのは明るくなる午前5時過ぎです。つまり、鳥にとって夜明け前は、セミの声に邪魔《じゃま》されない時間だったということかもしれません。

早朝に鳴く理由④　暗いうちは天敵に見つかりにくい

もうひとつ考えられるのは、小鳥の天敵のハイタカやツミといった猛禽類《もうきんるい》がまだ活動してないことがあると思います。猛禽類は目で獲物《えもの》を見つけるので、暗い時間帯は獲物が見えにくいでしょう。また、身体の大きな猛禽類は、日が昇《のぼ》り地面が温められて上昇気流が発生する時間帯のほうが飛ぶのに有利なため、飛び始めるのは日が昇ってからです。

早朝にさえずる鳥たちは、木のてっぺんや木のこずえなどの目立つところにとまってさえずる鳥たちが多い傾向《けいこう》にあります。遠くまで声を響《ひび》かせるのには高い木の上のほうが有利ですが、その反面、天敵にも見つかりやすい行動です。しかし暗い早朝であれば、そのリスクをさけてさえずることができるのだと思います。

ウグイスは1日に2000回以上も鳴く

敵に見つかりにくいウグイスは朝寝坊《あさねぼう》OK

早朝に鳴く鳥たちに対し、ウグイスは比較的《ひかくてき》寝坊な鳥です。藪《やぶ》のなかでさえずり、天敵に身体をさらすことがないからかもしれません。

そして、ウグイスはほかの小鳥たちとはちがい、早朝だけではなく1日中さえずっています。

ウグイスについての論文には「1日2000回以上もさえずる」と書かれています（百瀬浩・1986）。2000回というのはかなりの回数だと思いました。最初は、本当かどうか信じられませんでした。

1時間で700回も鳴いた！　～ある日のウグイス～

どれだけ鳴いているか、私の録音で確かめてみましょう。

場所は栃木県日光《にっこう》市です。日付は2018年4月10日。平地の越冬地《えっとうち》か

※《出典》
百瀬浩　1986　音声コミュニケーションによるなわばりの維持機能　鳥類の繁殖戦略・下（山岸哲・編）127-157　東海大学出版

ら繁殖地《はんしょくち》の山地に戻《もど》ってきたころの記録です。聞きながら声紋《せいもん》を見て、1羽のウグイスが鳴いた回数を数えました。日の出の時刻は午前5時13分。ウグイスは日の出からほぼ30分後の5時56分から鳴き始めました。やはり寝坊《ねぼう》しています。しかし17分間に183回鳴きました。その後、3分41秒鳴きやみ、再び鳴き始めて47分間に500回あまり鳴きました。

6時から7時までの1時間にざっと700回鳴いたことになります。

1日に2000回とするならば、朝飯前にもう3割以上の回数を鳴いてしまったことになります。この日の日の入りは午後6時10分なのでまだ11時間もあります。この日はきっと2000回以上鳴いていたでしょう。

ただ、鳴く回数はウグイスの都合で変わると思います。

たとえば、繁殖地に着いたばかりのころはなわばりをしっかり確保するためによく鳴くと思います。メスに選んでもらった時と選んでもらえない時でもちがうでしょう。そして、ウグイスにとってよい条件の場所で、まわりに競争相手のウグイスがたくさんいる環境《かんきょう》の場合は、懸命《けんめい》に鳴く必要があると思います。

ウグイスはなぜ鳴き続ける？

鳴き続ける理由① 音が響《ひび》かない藪《やぶ》にいるから

ウグイスが鳴き続けるのにはいくつか理由があると思います。

ウグイスには直接聞けませんので、状況《じょうきょう》から考えていきましょう。

オオルリやアカハラがさえずるのは木のてっぺんです。木のてっぺんならば、声をなわばり全体に響《ひび》き渡《わた》らせるのに有利です。音は、上から下へシャワーのように広がっていきます。

しかし、ウグイスは藪のなかでさえずります。藪の中はさえぎるものが多く遠くまで音が届きにくいので、なわばりを巡回《じゅんかい》して鳴かなくてはなりません。いわば芝生《しばふ》の水まきのスプリンクラーみたいなもの。スプリンクラーを何ヶ所も設置するのと同じように、ウグイスも声をあちこちへ届かせるために、場所を変えてくり返し鳴かなくてはならないのです。

同じように、藪のなかで生活をしているコマドリ、コルリ、クロジなど

の鳥もよくさえずります。そして、昼間も鳴き、なわばりを巡回《じゅんかい》して鳴いている点も共通しています。

ウグイスは巡回して鳴くので、ウグイスがさえずっているのを録音していると、だんだん声が遠くに行き、また近づいてくることがあります。さえずっているのを聞きつけたら、その場でじっと待っていると近くにやってきて「ホーホケキョ」と鳴いてくれるかもしれません。

鳴き続ける理由② 一夫多妻だから

ウグイスの結婚《けっこん》は、一夫多妻です。多いものでは、1羽のオスが6〜7羽のメスとつがった例が報告されています。

これがわかったのはつい最近のこと。ウグイス研究の第一人者である濱《はま》尾章二《おしょうじ》さんが調べた結果です。自信を持ってこれを書くことができるのも、濱尾さんが苦労して調べて、論文に発表してくれたからです。なにしろ、藪《やぶ》のなかで生活する姿の見えづらいウグイスを観察して記録するのですから、考えただけでも大変です。濱尾さんは「今考えると無謀《むぼう》ですが、若さにまかせて藪のなかをかき分けて巣を探し」て調べたのだそうです（濱尾章二・１９９２、１９９７、２０１８）。

一夫多妻ということは、１シーズンの間に何度もメスへ求愛する（さえずる）ことになります。さらに、つがい相手を見つけられず、あぶれるオスも出てきます。そうしたオスがなわばりに入ってきたり、あるいはなわばりを取られてしまったりすることもあるでしょう。なわばりを守るためにも、鳴き続けなくてはなりません。

鳴き続ける理由③　子育てに失敗すると繁殖《はんしょく》に再挑戦《さいちょうせん》する

ウグイスは地面に近い藪のなかに巣を作るために、ヘビなど天敵に襲《おそ》われることも多く、なかには繁殖に失敗するメスもいます。

子育てに失敗したメスが他のオスと新たにつがい、再度、巣作りをすることもあるでしょう。そのため、オスはメスを引き留めるためや、新しいメスを見つけるためにさえずり続けることになります。

※《出典》
濱尾章二　１９９２　つがい関係の希薄なウグイスの一夫多妻について　日本鳥学会誌　Vol.40　51－65　日本鳥学会
濱尾章二　１９９７　一夫多妻の鳥　ウグイス　文一総合出版
濱尾章二　２０１８「おしどり夫婦」ではない鳥たち　岩波書店

ホケキョ！でアピール

ホ〜ホケキョッ!!
こんなに声が出るぼく！
ホケキョ！
ぼくは強いぞ！
むむっ…
むむむっ…
ぼくのほうが強いぞ！
ホケキョ！
ホケキョ ケキョ
ぼくだ！
ホケキョ ケキョ
いやぼくだ！
ウグイス女子
まよう〜

やぶなかまのコマドリさん

鳴き続ける理由④　食べものがたくさんある証明

ウグイスのそばで観察を続けていると、ほとんど1日鳴いているように聞こえます。そうして鳴き続けられるのは、いいなわばりを確保している証拠《しょうこ》になるのではと思います。つまり「1日中鳴いていても食べ物を見つけるのに苦労をしないいなわばりを確保しているぞ」とアピールしているのかもしれません。

ウグイスの食べ物は、昆虫《こんちゅう》です。ササの葉の裏に隠《かく》れていたり、茎《くき》にとまっていたりする虫を捕《と》らえては食べます。いいなわばりとは、こうした昆虫がたくさんいるなわばりです。人間の世界に例えると、デパ地下の食料品売り場のように、たくさんの食べ物がある状態と言えます。

また「日がな1日カラオケをしていても食べるのに苦労をしない財産があるぞ」とアピールしているようなものでもあります。人間の場合、そんな男性を魅力的だと思う女性がいるでしょうか。いないことを祈《いの》ります。

「ホーホケキョ」の声の高さは目的で変化

高い「ホーホケキョ」と低い「ホーホケキョ」

1日にたくさん鳴くウグイスですが、その鳴き方はすべて同じではありません。

30年以上前、鳥類学者の百瀬浩《ももせひろし》さんが「ホーホケキョ」という鳴き声には高い低いがあって、それには意味があるのだという論文を発表し、わかったことです。

当時、カセットテープの登場で録音が手軽になり、さらにコンピュータの普及《ふきゅう》で声紋分析《せいもんぶんせき》もできるようになったため、百瀬さんのような研究が可能になったのです。

この研究が刺激《しげき》になり、多くの鳥の研究者が鳴き声に興味を持つようになったとも言えます。近代の鳴き声研究の先がけともなった論文でした。

※《出典》
百瀬 浩 1986 音声コミュニケーションによるなわばりの維持機能
鳥類の繁殖戦略・下（山岸哲・編）
127-157
東海大学出版会

なわばりに侵入者《しんにゅうしゃ》がいるときは低い声で鳴く

百瀬《ももせ》さんは論文で、さえずりには周波数の高い声（H型）と低い声（L型）があると書いています。さらに「なわばりの周辺で鳴くときは低い声、なわばりの中心部で鳴く頻度《ひんど》が多いのは高い声」「侵入者がいると低い声で鳴く」「低い声を出すのは繁殖期《はんしょくき》の初期に多く、後期には頻度が少なくなる」などと報告しています。

つまり、低い声のさえずりであるL型には威嚇的《いかくてき》な要素があって、H型と2つの声を使い分けることで、なわばりの存在を主張していると考えられます。実際の様子は私が録音した音声（図1）で見てみてください。

私は、それまで何百回とウグイスのさえずりを聞いていたのですが、うかつにも鳴き声に高い低いがあるのに気づきませんでした。ウグイスはあまりにも当たり前の鳥で、「ホーホケキョ」と聞けば「ウグイスだな」とわかって、ほかの鳥を探しに行ってしまうためです。百瀬さんの論文を読んでからは当たり前の鳥でもしっかり聞き、観察するようになりました。

高い「ホーホケキョ」と
低い「ホーホケキョ」の声紋

【図1】

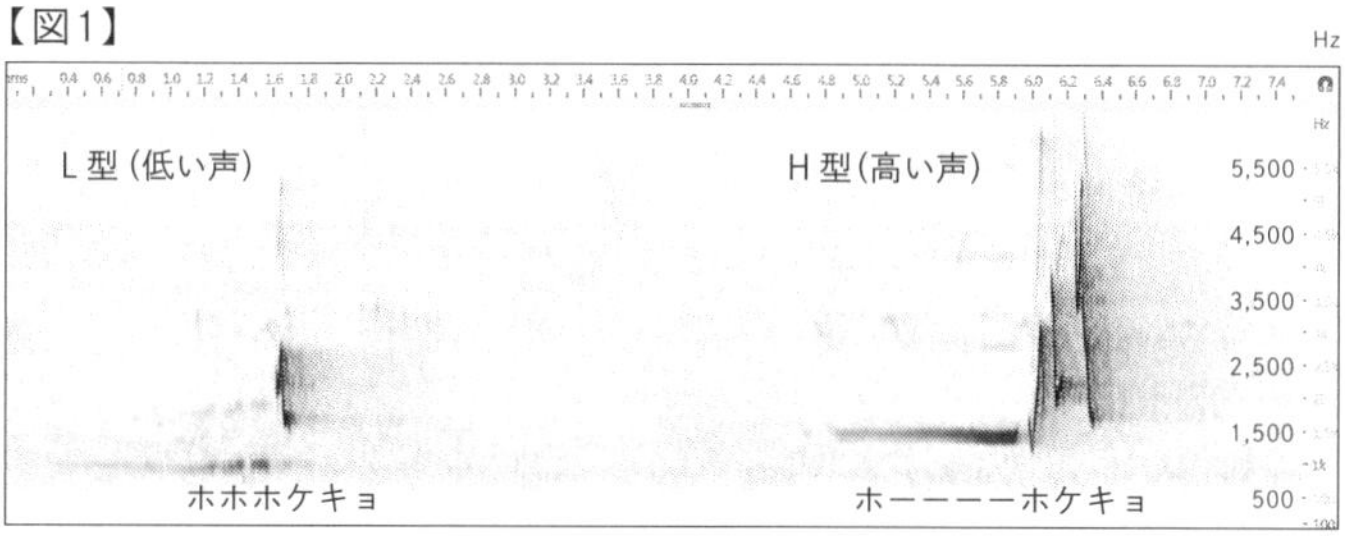

全体で2.3秒。ホーで約1秒

●左が低い声（L型）で右が高い声（H型）です。L型の「ホー」の部分（実際にはホホホと鳴きました）の音の高さは1,000Hz以下で、およそ800Hzに中心があります。また、「ケキョ」は短く単純です。いっぽうH型の「ホー」の部分は1,500Hzに中心があって、後に続く「ホケキョ」はしっかりと鳴いています。音色は、L型はドスのきいた声、H型は明るくおおらかな鳴き声に聞こえます。

●これは、新潟県《にいがたけん》大巌寺《だいごんじ》高原《こうげん》で4分ほど録音したものです。HLHHLLLHLHHLHHLHと、高低を入れかえながら16回鳴いています。H型9回、L型7回で、H型のほうが多かったことになります。だいだい、録音しているとH型のほうが多いように聞こえますが、繁殖期の初めか終わりかなどによって変化していきます。

コラム　ウグイスの巣

私は巣を見つけるのは下手でした。

子どものころ、田んぼを歩いていると友だちはすぐにヒバリの巣を見つけていましたが、私は見つけることができませんでした。バードウォッチングをはじめるようになっても、なかなか見つけることができません。

巣を見つけるのが難しい理由のひとつは、野鳥たちはたくみに巣を隠《かく》してわからないようにしているからです。

もちろん、野山を歩いているとぐうぜん巣を見つけてしまうことはあります。オオルリ、キビタキ、クロツグミ、ビンズイ、カワガラス、キセキレイ……などなど。長い間にはいろいろな巣を見つけました。

巣のなかには卵があったり、ヒナがいたりします。私がのぞいたことで親が警戒《けいかい》して巣を放棄《ほうき》する可能性がありますので、巣を見つけても写真を1枚撮《と》るくらいで、早々に立ち去るようにしています。

ウグイスの巣を見たのは1回だけです。

それは栃木県日光市《にっこうし》の霧降高原《きりふりこうげん》から赤薙山《あかなぎさん》に向かう登山道の横のササ原、ミヤコザサがたまたま倒《たお》れたところにありました。巣はササ原のなかに作られていたので、地面から数10㎝の高さにありました。夏の終わりだったと思うので、もう子育てが終わっているタイミングだったのでしょう。巣は空、すでに巣立った後でした。

巣の大きさは、ハンドボールくらい。ラグビーボールのような楕円形《だえんけい》で、すべて枯《か》れたミヤコザサの葉をたくみに組み込《こ》んであり、思いのほかしっかりとした出来でした。出入り口は横にあって、上から雨が降り込まないような場所に空いていました。

この時は、卵はありませんでした。

ふつう、ウグイスの卵は2㎝くらいで、チョコレート色をしています。卵の数は4〜6個。16日ほどで卵からヒナがかえり、14日ほどで巣立ちます。卵を温め、ヒナを抱《だ》き、食べ物を運んでくるのはもっぱらメスです（羽田健三、岡部剛士・1970）。オスは手伝わないと言うか、鳴くのにいそがしくて手伝えないと言った方がいいかもしれません。

※《出典》羽田健三、岡部剛士　1970　ウグイスの生活史に関する研究１　繁殖生活　山階鳥類研究所研究報告　６巻1/2号　131－140　山階鳥類研究所

鳥がさえずる場所

ウグイスは藪《やぶ》の中で歌う

よく目立つ木のこずえで鳴く鳥たち

鳥はさまざまな場所で鳴いているように見えますが、実は好きな場所は鳥によってほぼ決まっています。

オオルリやクロツグミは木のこずえにとまってさえずります。さえずり始めると30分は同じところにとまって鳴き続けます。私の録音では、いちばん長いオオルリのさえずりは2時間23分にわたって鳴き続けていた例があります（鳥取県扇ノ山《おうぎのせん》、２０１１年5月22日）。彼《かれ》らの桧舞台《ひのきぶたい》は、青空と白い雲をバックにした新緑の中です。

藪《やぶ》の中で鳴くウグイスの様子

いっぽう、ウグイスがさえずる場所は日の差さない薄暗《うすぐら》い藪のなか。オオルリやクロツグミに比べれば舞台裏《ぶたいうら》のようなところです。

では、ウグイスは藪でどのように鳴いているでしょうか？ 藪のなかにいて様子がわからないのでウグイスの姿を見て確かめることはほぼできません。ステレオ録音を分析《ぶんせき》し音声がどのように変化したか見てみましょう。たとえば、P37の日光での約1時間にわたるウグイスのさえずりの場合です。

ウグイスが鳴き続けた長さと移動の様子

（2018年4月10日／栃木県日光市）

♪ **0**

（5分12秒間） 左から声が近づいてくる

♪ **5分12秒**

（9分45秒間） 近くで同じ大きさに聞こえる

♪ **14分57秒**

（1分40秒間）声が小さくなって左に移動していく

♪ **16分37秒**

（4分00秒間）お休み

♪ **20分37秒**

（2分30秒間）遠く、やや左で鳴いている

♪ **23分7秒**

（5分43秒間）右から近づいて来て、同じ場所へ来て鳴く

♪ **28分50秒**

（4分17秒間）右の遠くで鳴く

♪ **33分7秒**

（30分7秒間）右から近づいて来て同じ場所に来て鳴き続ける※

♪ **63分14秒**

※少し音の変化があったものの、H型とL型による音量のちがいと、ウグイスの顔の向きによる変化によるものだと思います

この日、私がたまたま録音機を置いたところが、そのウグイスにとってお気に入りのさえずりのポイント——ソングポストと言います——だったようで、クリアな音で録音できて、ウグイスが移動して行く様子もわかりました。もし、私が手に録音機を持って録音していたらウグイスは警戒《けいかい》して近くには来なかったでしょう。

ウグイスは藪《やぶ》のなかの同じ場所で鳴き続けることも

前ページの記録では、ウグイスはだいたい4〜5分間同じ場所で鳴き続けることがあり、長いものでは30分間以上も同じ場所にとどまって鳴いていたことがわかりました。

また、別の日に新潟県大巌寺《だいごんじ》高原《こうげん》で、木の枝でさえずるウグイスの鳴き声を4分40秒間録音できました。もしそれ以前から鳴いていたとしたら10分近く同じ枝で鳴いていたと考えられます。富士山《ふじさん》5合目の奥庭《おくにわ》での記録は2分45秒間です。このときも私が録音する前から鳴いていたので、5分は鳴き続けていたと思います。

今まで、ウグイスは数声ずつ鳴いてはなわばりのなかを移動していくのだと思っていました。でも、ときにはウグイスは藪の中の同じ場所でしばらく鳴き続けていたことが、これらの記録からわかりました。

藪の中は敵に見つかりにくい

同じ場所で長く鳴くと、それだけ敵に見つかるリスクが高くなるのに、どうしてウグイスは同じ場所で鳴くことがあるのでしょうか？

「ホーホケキョ」自体は、余韻《よいん》を入れても2秒ほどの長さです。次のさえずりまでの間が長く空きます。もしアナグマやテンのような天敵が「おいしそうなウグイスが鳴いているぞ」と思っても、2秒の間に場所を特定するのは無理でしょう。また、アナグマが鳴き声をたよりにガサゴソと藪のなかに入って行けば、当然ウグイスに気づかれてしまいます。

つまりウグイスにとって藪のなかで長時間さえずるのは、木のてっぺんやこずえで身体をさらしてさえずる鳥に比べれば、はるかに見つかりにくく、危険を回避《かいひ》できる行動と言えます。

ウグイスをねらうテン

第三章
「ホーホケキョ」を音から科学する
〜鳥は環境《かんきょう》に適した声で鳴く〜

高い声や低い声、大きな声や小さな声を出す鳥がいます。
録音した声を分析《ぶんせき》すると、鳥の声の出し方は
その鳥の暮らし方、つまり環境や食べ物と
大きく関係していることがわかりました。

「ホーホケキョ」を分析《ぶんせき》する① 音のエネルギー

どうやって「ホーホケキョ」と鳴くのか

鳥がどうやって鳴き声を出しているのか考えてみましょう。

鳥の多くは、鳴管《めいかん》をふるわせて鳴きます。

たとえばウグイスのくちばしから尾《お》の先まではおよそ15㎝です。だいたいスズメと同じ大きさです。この小さな身体の喉《のど》、気管の近くに鳴管があります。15㎝の身体のなかの小さな器官ですから、人間の小指の先ほどもないでしょう。その筋肉を動かして音を出し、身体のなかで反響《はんきょう》させたりして、さえずりを生み出します。ウグイスの「ホーホケキョ」も、この鳴管を動かすことで音になり、私たちに聞こえることになります。

実際に野外でウグイスの「ホーホケキョ」を聞くととても大きな声だとわかります。近くであれば耳が痛いほどです。録音していると、人が大声を出したときと同じくらい録音レベルのメーターが反応します。

音の大きさ（デシベル）を波形《はけい》で見る

「ホーホケキョ」という音を波形で見てみましょう。左ページのように波形で音を表示すると、音の大きさやエネルギーがわかります（図2）。

音の大きさの単位はdb（デシベル）です。

dbは対数《たいすう》表示という表し方をします。対数表示の例としては、たとえば地震《じしん》のエネルギーを表すマグニチュードがあります。かんたんに言うとマグニチュード4と5では、5は4の1・25倍ではなく、10倍のエネルギーがあることになります。dbもそれと同じで、値を見るときはそこに注意してください。

また、いちばん大きな音を0dbとして、それを基準にマイナスをつけて表示します。ですから、数字が大きくなるから大きな音ではなく、数字が大きいほうが小さな音になります。

以上を頭に入れて、改めて「ホーホケキョ」の音の強さ、エネルギーの変化を見てみましょう。

「ホーホケキョ」の音の波形
(デシベル=音の大きさ)

【図2】

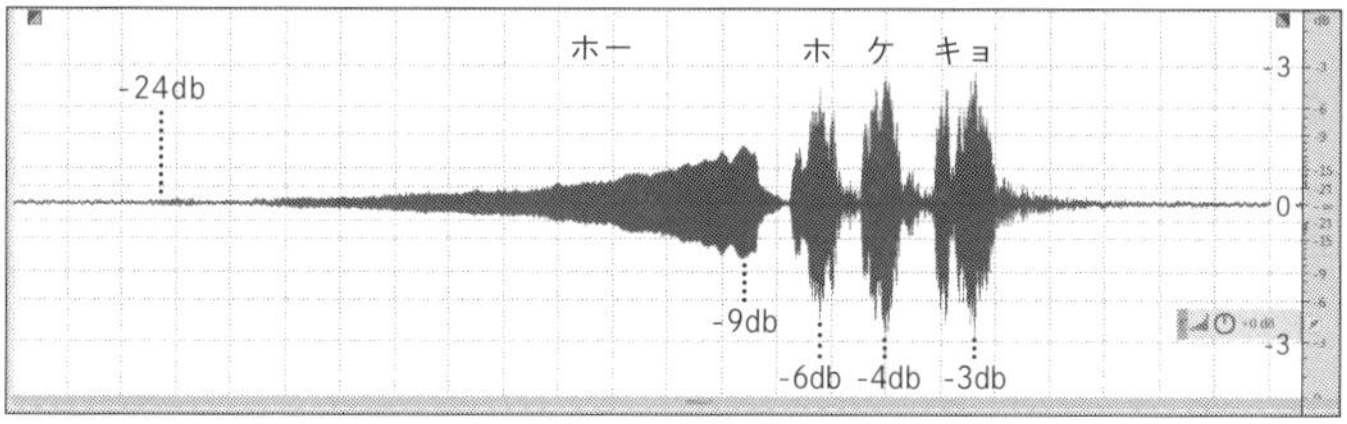

全体で 2.3 秒。ホーで約 1 秒

●図の縦軸《たてじく》が db（デシベル）、横軸が時間です。

●音の大きさの単位 db（デシベル）

「デシ」はデシリットルなどにも使われる単位で、1dL（デシリットル）= 0.1L です。つまり「デシ」は基準となる単位の 0.1 倍を意味します。おなじみのキロは 1000 倍（1kg = 1000g など）、センチは 0.01 倍（1cm = 0.01m など）、ミリは 0.001 倍（1mm = 0.001m など）です。「ベル」は音などを表すために使われる単位で、電話の発明者でもあるアレクサンダー・グラハム・ベルに由来します。

● dbを対数表示する理由

対数であつかう量は、少ない量と多い量の差が大きな場合に使われます。大きな量を数値で表すと 0 のケタ数が多くなって、0 が多いとケタを読みまちがえる可能性がありますが、対数表示にするとそれを避《さ》けることができます。

ホーホケキョの音量は10倍以上変化する

録音した「ホーホケキョ」のエネルギーを表した、前ページの図2を見てください。この音声では「ホー」の部分は、マイナス24db《デシベル》からマイナス9dbへと約1秒間で大きな音に変化しています。さらに「ホケキョ」の部分では、「ホ」がマイナス6db、「ケ」がマイナス4db、「キョ」が最大となりマイナス3dbになります。

これは、このウグイスと録音機との距離《きょり》の結果で、もっと近ければこの数字がより小さくなり、逆に遠ければ大きな数字となります。ですから、この数字をそのまま「キョ」はマイナス3dbの音量があるという読み方をしません。あくまでも、比べると「ケ」より「キョ」のほうが大きな音で、そのエネルギーは何倍もあるというように読み取ってください。

つまり「ホーホケキョ」は、最初と最後では10倍もの音の大きさが変化していることになります。

ところがウグイスのさえずりを聞いていて、最初と終わりで音が10倍以

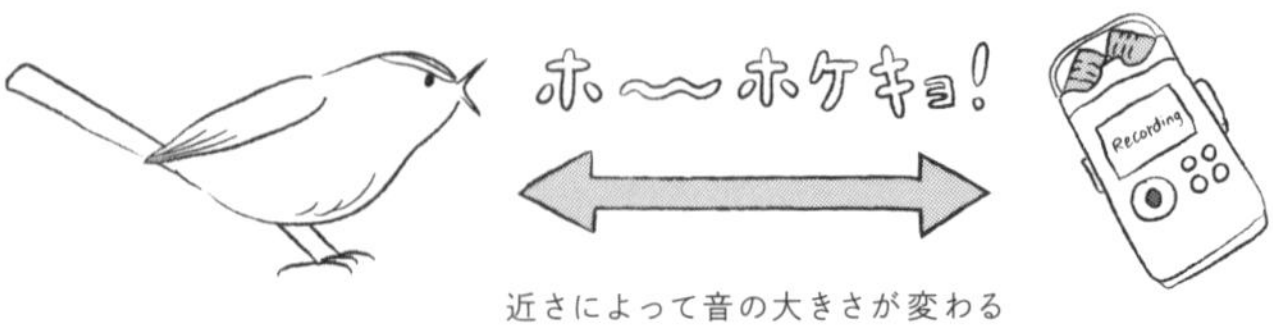

近さによって音の大きさが変わる

上も大きくなっていると感じることがあるでしょうか。実際には、あまりそう感じないと思います。そのひみつは音の高さにあります。

「ホーホケキョ」を分析《ぶんせき》する② 音の高さ

音の高さを表す単位は「ヘルツ」

今度は、「ホーホケキョ」の音の高さの変化を見てみましょう。

音の高さは、Hz（ヘルツ）という単位で示します。Hzは、1秒間に何回振動《しんどう》したかという数字です。これは対数《たいすう》ではなくふつうの数字です。

たとえば、「野鳥は100Hzから10000Hzまで幅広《はばひろ》い音域で鳴いています」という言い方をします。1秒間に100回から1万回振動させる音まであるということになり、数字が少ないと「ボー」という低い音、多いほど「チーッ」と聞こえる高い音になります。また1000Hz以上を1kHz《キロヘルツ》と表示することもあります。

ウグイスの声の幅《はば》は広く、人間の10倍以上！

音の高さと変化を見るためには、左ページのように鳴き声を声紋《せいもん》で表示させます（図3）。

これで見ると「ホー」は１５００〜２０００Hz《ヘルツ》の幅にあります。ちなみに、私たち人間は２００〜５００Hzで話しています。高い声を出す女性のソプラノ歌手で１５００Hz前後と言われていますから、この「ホー」はソプラノなみ、あるいはそれ以上の高い音と言えます。

それに続く「ホ」は１４００〜３２００Hzにかけて波形を描《えが》いています。同じように「ケ」は２０００〜３５００Hzの波、「キョ」はいちばん高い５４００から、１８００Hzに下がって鳴いているのがわかります。

「ホーホケキョ」全体は１４００〜５４００Hzの音域で、その幅の音は４０００Hzもあることになります。ふつう、人は数百Hzの音の幅しか出せないので、ウグイスはその10倍以上に音の高さを変化させて鳴いていることになります。

「ホーホケキョ」の音の声紋《せいもん》
(ヘルツ=音の高さ)

【図3】

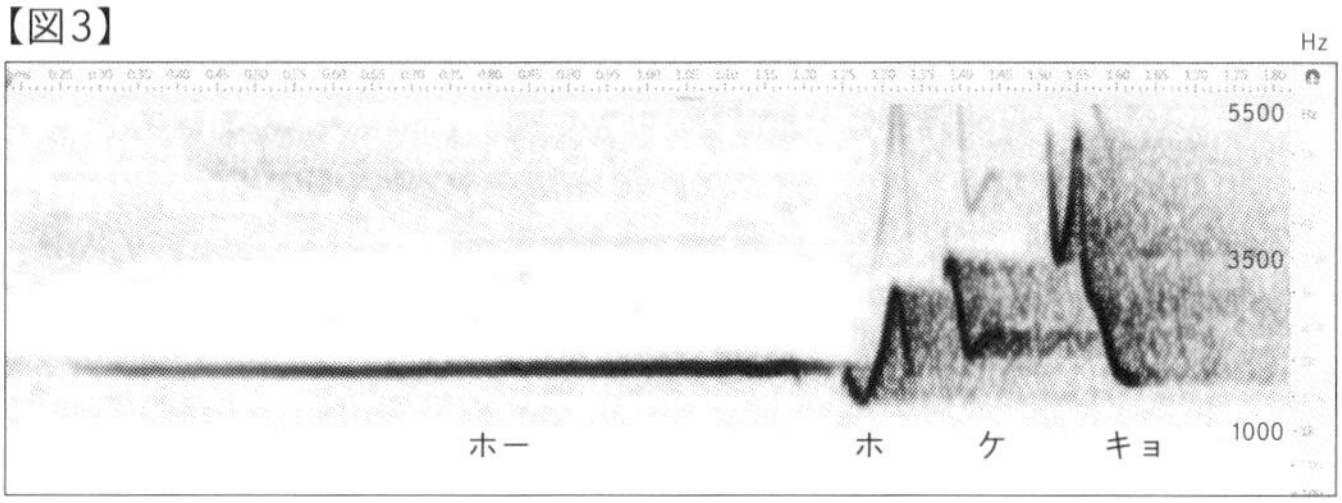

全体で 2.3 秒。ホーで約 1 秒

声紋表示では横軸《よこじく》が時間となり、この場合 2.4 秒です。
縦軸《たてじく》が Hz で、この場合 0 ～ 5,500Hz まで表示しています。

さまざまな音の高さ

高

高い声の鳥(ヤブサメ)「ツツツ…」……10,000Hz《ヘルツ》

ウグイス「ホーホケキョ」………1,500 ～ 5,400Hz

ソプラノ歌手の歌声 ……………………1,500Hz

人間の話し声 ………………………200 ～ 500Hz

低い声の鳥(シマフクロウ)
「ブッ、ボー」………………………150 ～ 350Hz

低

高い音は物のすき間を通り抜《ぬ》けられる

ここで音の特性の一つを覚えておいてください。

「高い音は、遠くまで届かないけれど隙間《すきま》を通り抜ける。低い音は、遠くまで届くけれどさえぎるものがあると伝わりにくい」です。

高い音は振動《しんどう》が細かくエネルギーが少ないので、遠くまで聞こえません。しかし、細かい振動なので物と物の間を通り抜けてよく聞こえます。

たとえば、満員電車のなかで隣《となり》の人のイヤフォンから「シャカシャカ」という高い音が聞こえてきたことはありませんか。これは、高い音だけが耳とイヤフォンの間をすり抜けて聞こえてくるからです。聞いている本人は重低音の音楽を聴《き》いているかもしれませんが、その音楽のなかの高い音の要素だけが、外にもれて聞こえているのです。

逆に、遠いカミナリの音は「ゴロゴロ」と低い音だけが聞こえます。カミナリの音には、近くで聞くと「カリカリ」という高い音があります。しかし、何km も離《はな》れていると高い音は途中《とちゅう》で消えてしまい、低い音だけが伝

わってきて聞こえる例です。

森では、すき間をすり抜ける高い声が有利

鳥たちは、この音の特性をうまく利用して鳴いているのです。

小鳥の鳴き声に高い音で鳴くものが多いのは、森のなかで生活しているからです。

森は、木の葉が茂《しげ》っています。その間をすり抜ける音は、高い音のほうが有利ということとなります。針葉樹が好きなキクイタダキという小鳥は、葉の茂ったなか6000～10000Hz《ヘルツ》の高い音でさえずります。また、茂った藪《やぶ》のなかにいるヤブサメという鳥も、8000～10000Hzと日本でもっとも高い声でさえずります。

開けた場所で遠くまで伝わるのは低い声

草原など開けたところでネズミを捕《と》って生活しているフクロウの声は低く150～350Hzです。

さらに、北海道に現在160羽しかいないと言われているシマフクロウは150Hz《ヘルツ》前後のとても低い声で鳴きます。実際に鳴き声を聞いたことがありますが、肺や腹腔《ふくくう》に共鳴するような低音で鳥肌《とりはだ》が立ちました。その音は1㎞以上先まで聞こえると言われています。

もちろん例外もありますが、森のなかで生活している鳥の鳴き声は高く、開けた環境《かんきょう》の鳥は低い声で鳴く傾向《けいこう》があります。

「ホーホケキョ」は高い音と低い音の〝いいとこどり〟

ウグイスの「ホーホケキョ」は、人の声と比べると高い音です。しかし「ホー」の部分は鳥の声のなかでは低いほうです。「ホケキョ」のほうは、多くの小鳥と同じような高めの音域にあると言えます。

ですから、P58で述べたように「ホー」の部分の音量が小さくて「ケキョ」が大きくても、離《はな》れたところでは低い「ホー」はエネルギーが減ることなくそのままの音量で聞こえ、反対に「ケキョ」の音のエネルギーは減っていくので、その結果、大きなちがいのない音量に聞こえるのです。

シマフクロウさんの声

ステキな声♡

ある意味では「ホーホケキョ」は、低い音の良いところと高い音の良いところを織り交ぜた〝いいとこどり〟の鳴き方ということになります。もう一度、ウグイスの好きな環境《かんきょう》を思い出してください。ウグイスがいるのは森のなかの藪《やぶ》、あるいは草原の草のなかです。

もし木の上にとまって鳴くのであれば、高い声のほうが有利です。また、草原でも開けたところならば低い声が便利です。

しかしウグイスの住む環境は、どちらの要素もある藪。そうすると「ホー」は低い音、「ケキョ」は高い音で鳴き、藪のなかでも遠くまで聞こえる二重構造の音の音で鳴くことで、少しでも遠くまでさえずりを聞かせようとしていることになります。

にぎやかな環境にいる鳥も幅広《はばひろ》い音で鳴く

低い音から高い音で鳴く鳥は、ウグイスばかりでありません。鳴き声の高さに幅があるのは鳥という生き物の特徴《とくちょう》のひとつで、いろいろな鳥の鳴き声が当てはまります。

ミソソザイさんのリサイタル

たとえばミソサザイという鳥の声は3500〜8000Hz《ヘルツ》と4500Hzも高さに幅《はば》があります（下の図）。このミソサザイが日本でいちばん音の幅があると思っていたら、最近カヤクグリという鳥が3000〜8500Hzと、5500Hzもの幅で鳴いていることがわかりました。日本でいちばん鳴き声の幅が広いのはおそらくカヤクグリです。

ミソサザイは渓流《けいりゅう》のそばが大好きです。カヤクグリは風がビュービュー吹《ふ》く高山帯で生活しています。どちらも、とてもにぎやかな環境《かんきょう》に生息しているため、それらの音に負けないように幅広い音を出して声を響《ひび》かせているのだと思います。

「ホーホケキョ」の音色と響《ひび》き

ウグイスの声には余韻《よいん》がある

動物の物まねの名人と言われた故・江戸家猫八《えどやねこはち》さんと対談をしたとき、

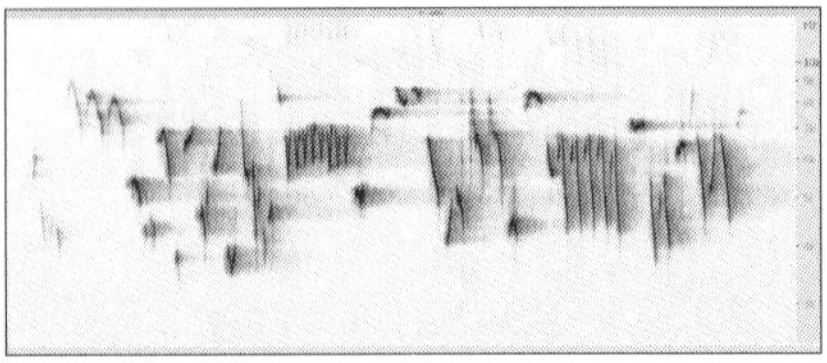

複雑で幅広《はばひろ》い音のミソソザイの声紋

お得意のウグイスの物まねを披露《ひろう》してもらって録音したことがあります。猫八さんのウグイスは小指を曲げて唇《くちびる》に当て、隙間《すきま》を通る空気の流れで「ホーホケキョ」という音を出します。録音した音声を波形と声紋《せいもん》で表示してみたら、あまりにも本物のウグイスに似ているのでびっくりでした。

猫八さんの物まねの音声を編集して気がついたことがあります。猫八さんが「ホーホケキョ」と鳴いた後「と、このくらいですよね」と言うのですが「と」が「ケキョ」の音にかかっているのです。場所は「日本野鳥の会」の会議室。それほど広いスペースではありません。会議室で「ケキョー」の響《ひび》きが消えないうちに、もう師匠《ししょう》がしゃべり始めていたのです。それだけ、師匠の指笛の音量と余韻はすごいものがありました。

それから本物のウグイスの鳴き声の声紋をよく見てみると、同じように余韻があることがわかりました。P61に掲載《けいさい》したウグイスのさえずりの声紋表示では、鳴いた0・2～0・3秒後まで音があることがわかります。ウグイスは、音をよく響かせることで鳴くエネルギーを減らして音を聞かせていて、省エネで鳴いていると言えるかもしれません。

ウグイスの声はまろやかな音色

ウグイスの「ホーホケキョ」は人の声と比べると高音で、ソプラノ歌手と同じか、それより高い音です。高い音は耳にキンキンくるのがふつうですが、ウグイスのさえずりの音色はどちらかというと耳に優しく、まろやかに聞こえます。その秘密は〝倍音《ばいおん》〟にあります。

倍音という日本語はまるで数学用語のようですが、英語ではHarmonic Sound（ハーモニック・サウンド）、なんだか素敵な音のように思えます。倍音は、いわば調和のとれた音です。

ウグイスのさえずりの声紋《せいもん》を高い音まで見えるように表示すると、倍音がわかります（図4）。これは図3と同じ音声を使っていて、横軸《よこじく》の時間は同じ2・4秒ですが、縦軸《たてじく》の音の高さは0〜21000Hz《ヘルツ》でさらに高音域まで表示しています。

これで見ると「ホー」で5層、「ケ」で8層など、基本の音と同じようなパターンが薄くあるのがわかります。これが倍音です。はっきり表示さ

「ホーホケキョ」に見る倍音

【図 4】

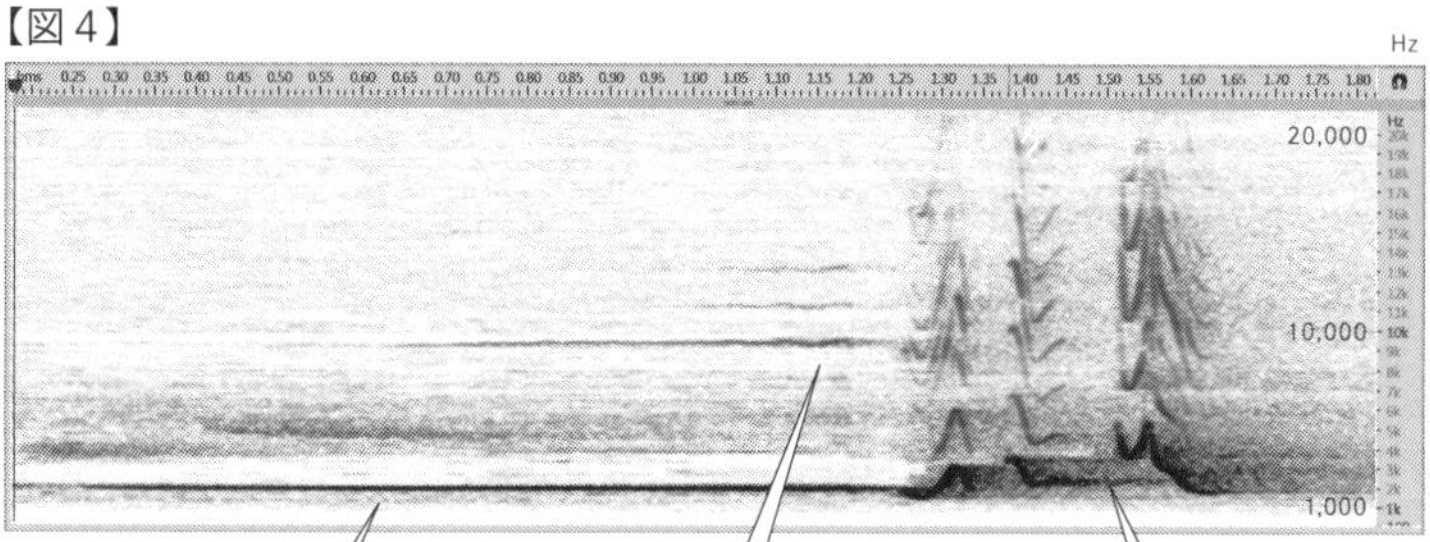

全体で 2.4 秒

いちばん下の
太い線が基本の音

同じパターンが
5 層に

同じパターンが
8 層に

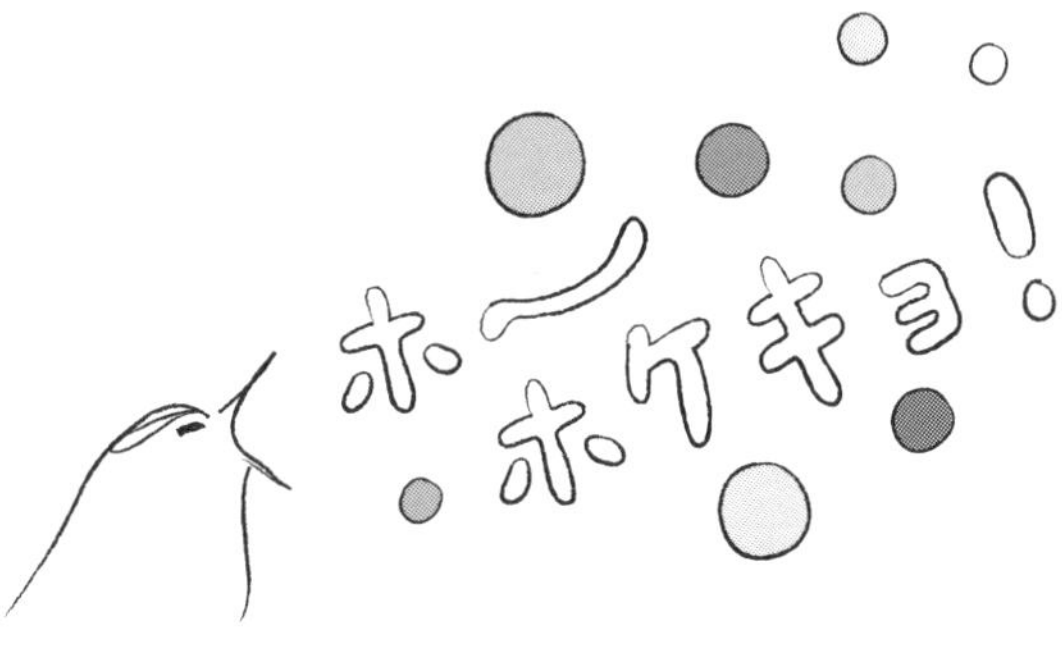

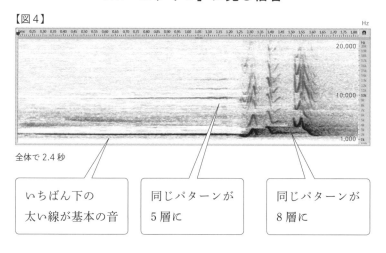

れた基本の音とはちがい、同じ間隔《かんかく》で層になり、高い音の層になるに従って色が薄《うす》くなって音量が小さくなっていることがわかります。しかし、声《せい》紋《もん》の上がり下がりは同じパターンです。

野鳥の鳴き声を録音すると、倍音のある鳥とない鳥がいることがわかります。

たとえば、トラツグミという鳥は澄《す》んだ音で鳴きます。そのような鳥の声は倍音がないか、はっきりとは出ません。

また、ウソのようにまろやかな声で鳴く鳥の声紋を見ると、倍音が豊かです。ただ、倍音は音量が小さいため、近くで録音しないと録れない音でもあります。

ウグイスの「ホーホケキョ」の音色について考えてみましょう。

「ホー」は低めの音なので倍音が少なくてもキンキンしないで聞こえます。「ホケキョ」は高い音を交えて鳴いているのですが、倍音が豊かなので耳にキンキンせず、全体としてはとてもまろやかな優しい音色に聞こえることになります。

コラム 「ホーホケキョ」は息を吐《は》いているのか？

「ホーホケキョ」は短い鳴き声なので、息を吸って一気に息を吐けば音を出せるようにも思えます。実際はどうでしょうか。医師で「日本野鳥の会」会員の井上《いのうえ》與《よ》惣《そ》一《いち》さんが書いた記録を紹介《しょうかい》します（井上與惣一・１９３９）。

寒い朝に逆光のなかでウグイスが鳴くのを見て、吐く息の様子からどこで息を吸って吐いたか観察し、「ホーホ」が吸うときの音、「ホケキョ」や「ケキョケキョ……」が吐くときの音であることを確認したそうです。

人間は声帯を振動《しんどう》させて声を出すため、息をしているときは音を出せません。しかし、鳥は気管の手前にある鳴管《めいかん》をふるわせて音を出すために、息を吐くときも吸うときも音を出せるのです。

また、鳥の肺は飛ぶエネルギーを生み出すために大量の酸素を吸収でき、そのため身体に対して大きめです。さらに左右の肺それぞれに5対の気嚢《きのう》という小さな肺があります。これらの肺から一気に空気を吐き出すので、鳥は大きくて張りのある音を出すことができるのだと思います。

※《出典》井上與惣一　1939　鶯の歌の呼気音吸気音の関する観察　野鳥　Vol.6　No.5 6－7

第四章

「ホーホケキョ」は春を知らせる声

〜ウグイスの声で和むわけ〜

春は鳥たちの恋の季節。
多くの鳥がさえずり始めます。
その代表であるウグイスの声を
時期や時間などに注目して科学します。
そこから、ウグイスの声を聞いて
のんびりする理由が見えてきました。

ウグイスはいつからさえずる？

東京・六義園《りくぎえん》では3月ごろ鳴き出す

ウグイスが「ホーホケキョ」と鳴くのは約半年間。ほかの鳥にも言えることですが、一年のうちさえずる期間は限られています。

その年（またはシーズン）に初めてさえずることを「初さえずり」「初鳴き」と呼び、その日を「初囀日《しょてんび》」「さえずりの初認日《しょにんび》」と言うこともあります。東京都の六義園での私の観察から初鳴きの記録を見てみましょう。

ウグイスの初鳴き
（東京都・六義園）

1985年	3月28日
1986年	1月13日
1987年	3月3日
1988年	3月13日
1989年	3月4日
1990年	3月4日
1991年	（未記録）
1992年	2月15日
1993年	2月6日
1994年	3月21日
1995年	3月31日
1996年	3月16日
1997年	2月28日
1998年	3月4日
1999年	3月2日
2000年	3月5日

注：1985〜1990年は毎週調査。1991年以降は日光とかけもち。2001年以降はハシブトガラスの調査を始め精度に心配があり割愛しました。

1986年は鳴き始めがかなり早く、もう1月から鳴いていました。それを除けば早くて2月中下旬《ちゅうげじゅん》、だいたい3月前半にさえずり初め、遅《おそ》い年でも3月中には鳴いています。ここ30年で、鳴き初めの時期に大きな変化はありませんでした。いずれにしても東京地方ではおおむね3月に入ると、さえずりを聞くことができるようになります。

冬の平均気温や雪の回数などと比較《ひかく》しても関係は見出せませんでした。鳥は恒温動物《こうおんどうぶつ》なので気温の影響《えいきょう》はあまり受けません。おもに昼の長さや太陽の高度などの変化を感じて、さえずりのスイッチが入るのでしょう。

「ホーホケキョ」がうまくなるまで1週間！

当時の六義園には、3、4羽ほどのウグイスがいました。いっせいに鳴くというより、1〜2週間かけてだんだんさえずり出すという感じです。

さえずり初めは、まだ鳴き方がおぼつきません。「ホー」が短い、あるいは、ないこともあります。「ホケキョ」も「ホケ」だけということも。「ホケキョ」は複雑な技巧《ぎこう》を必要とするのでしょう。

ホケ協力

わ〜…
みんなすっかり上手になってる
ホケキョ!
ホケキョ!
ぼくもがんばらなきゃ
キョがうまくいえないんだよ
ホ〜 ホケッ
ホケッ
ホケッ
ホケッ…
キョ!
ん?
ホ〜ホケッ
がんばれ
キョ!
ありがと

この節回しが、なかなかできないでいます。舌で音を出すわけではありませんが舌が回らない感じです。そもそも声が小さくて張りがありません。しかし、ときどき思い出したように「ホーホケキョ」としっかり鳴けて、1週間もするとちゃんと鳴けるようになります。わずか1週間ほどの練習で上手に鳴くことができるようになると言えます。

また、栃木県日光にウグイスがやってくるのは4月上旬《じょうじゅん》ごろ。10日を過ぎればあちこちでさえずりを聞くようになります。関東地方で越冬《えっとう》していたのなら、3月前半から平地で練習していたと考えられるので、鳴き初めからは1ヶ月経っています。そのため日光にやって来たばかりでも、さえずりは完璧《かんぺき》です。越冬地での練習の成果が現われていることになります。

鳥はさえずりをどうやって学ぶ？

ウグイスは「ホーホケキョ」をどうやって学ぶのか

巣のなかにいるウグイスのヒナにとって聞く機会が多いのは、オス親の「ホーホケキョ」というさえずりでしょう。あれだけよく鳴いているのですから頭に染みつき、おぼえるのは簡単そうです。

でも、録音を聞くとウグイス以外に近くにいるコマドリやコルリの大きな声も入っています。キビタキ、クロジも鳴いています。ウグイスの巣のまわりにはほかの鳥もたくさん暮らしているのです。これらの鳴き声もヒナには聞こえているはずで、その影響《えいきょう》を受けると思うのですが、他の鳥の節をまねして鳴くウグイスに会ったことはありません。

また逆に、多くの小鳥のヒナにとって、巣のなかで聞こえるのはウグイスの「ホーホケキョ」がいちばん多いと思います。それなのにほかの鳥が「ホーホケキョ」と鳴くことはありません。なぜなのでしょうか。

子どもが親と同じように鳴くのはなぜか

ウグイスのヒナが親鳥と同じように鳴く理由のひとつに、身体の構造、なかでも鳴管《めいかん》の構造が「ホーホケキョ」と鳴きやすい形になっていることが考えられます。

　カモ類を例に考えてみましょう。オナガガモのオスの鳴き声は、きしるような音で「キシーン、キシーン」と聞こえます。この声を聞けば、姿が見えなくてもオナガガモだとわかります。このようにカモ類の多くは鳴き声で区別ができます。愛知県弥富《やとみ》野鳥園《やちょうえん》の小木曽《おぎそ》チエさんによると、カモ類は音を出す鳴管の形がそれぞれちがい、その形か

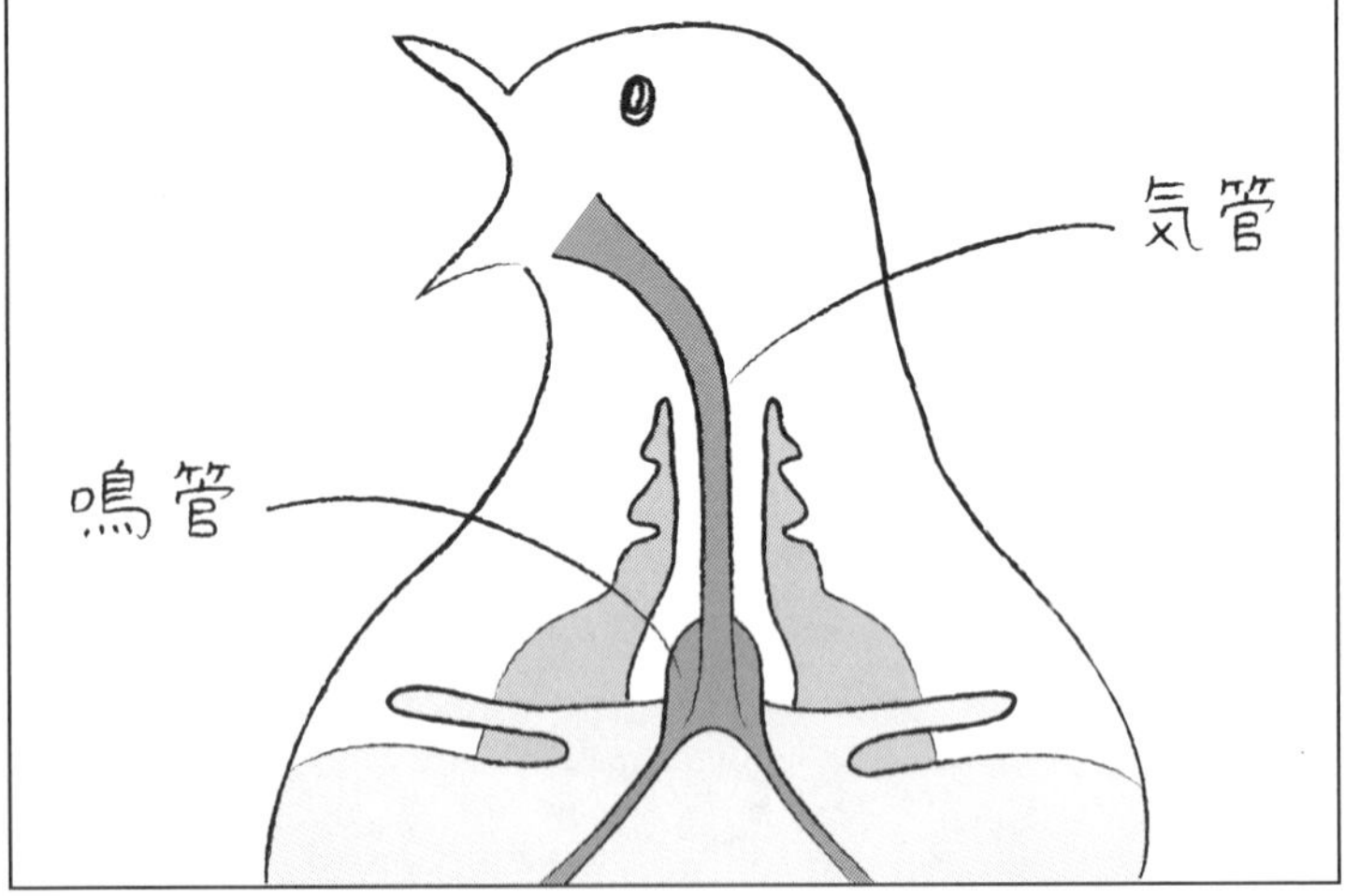

鳥の鳴管

オナガガモ

ら種類の区別ができると言います（小木曽チエ・2012）。同じことを小鳥について言えないでしょうか。ウグイスの鳴管は「ホーホケキョ」専用の形になっているのかもしれないと私は考えています。

※《出典》
小木曽チエ　2012　カモの仲間の鳴管の形態について　日本鳥学会大会講演要旨集2012　138　日本鳥学会

親鳥の声を聞かずに育った子どもは、鳴けない

どうやってさえずりを学ぶのか、いろいろな学者がいろいろな鳥で実験しています。ウグイスの例はありませんが、親鳥の声をいっさい聞かせないで成長させてちゃんと鳴けるかという実験です。

結果は、「鳴けない」「同じように節を奏でることができない」など。「親鳥の鳴き声を聞いたことのない子どもは鳴くことができない」というのがおおむねの結論です。

このことからも、ウグイスは親鳥のさえずりを巣のなかで聞きながら育ち、「ホーホケキョ」という鳴き声を頭に染《こ》み込ませておぼえると考えられます。あれだけ親鳥が鳴くのですから、十分に学習できるでしょう。

ただ、野鳥の多い環境《かんきょう》で、いろいろな鳥が鳴いているのにほかの鳥の影《えい》

響《きょう》を受けない理由については不明です。鳴管の構造や、さえずりを司る脳の機能が関係するのかもしれません。このあたりはまだまだ未解明です。

「ホーホケキョ」はなぜのんびりする？

「ホーホケキョ」の声は人々を和ませる

私がバードウォッチングをする六義園《りくぎえん》は、江戸《えど》時代に造られた日本庭園です。中心に池があり、周りは手入れされた庭園、さらにそれを囲むようにケヤキやクスノキなど巨木に覆《おお》われた森があります。春になるとロウバイ、ウメ、サンシュユ、シダレザクラ、ソメイヨシノの順で花が咲《さ》き、ウグイスもさえずります。

ウグイスの声は、クマザサの群落のある庭園部と森の間でよく聞こえます。なだらかな曲線で形作られた日本庭園を眺《なが》めながらウグイスのさえずりを聞くことができ、これぞ日本の風景のなかで聞く春の音……という感

ロウバイ

ウメ

サンシュユ

じです。来園者の多くもウグイスのさえずりに気がついて、「ウグイスね」「いいね」という会話が聞こえてきます。

ウグイスの「ホーホケキョ」を聞いて、気分が悪くなる人はいないでしょう。だれもが「いいね」と思い、のんびりとした気分に包まれ癒《いや》される人もいると思います。

なぜウグイスのさえずりに癒されるのでしょうか。

「ホーホケキョ」は春を知らせる声

和む理由のひとつに、ウグイスが鳴くタイミングがあると思います。さえずり始めるのは、関東地方ならば3月上旬《じょうじゅん》です。今まで続いた寒くて厳しい冬が終わり、これから輝《かがや》くような春の季節を迎《むか》えるころ。ウグイスのさえずりは、春の到来《とうらい》を知らせてくれる音であるわけです。

現在のように断熱された家屋ではなく、ろくな暖房《だんぼう》設備もなかったころは、冬はただただ寒さに耐《た》えるしかありません。しかし、ウグイスのさえずりを聞けば「もう厳しい寒さとはおさらばだ！」とうれしくなったはずです。先祖代々ウグイスの声を聞いてきた日本人の心に「ウグイスが鳴く＝春が来てうれしい」という喜びが染み込《こ》んだのかもしれません。

「ホーホケキョ」の間合いは約10秒

少し科学的に見てみましょう。

ウグイスのさえずりを聞いてのんびりできるのは〝間〟にも理由があると思っています。左ページにウグイスが10分間計50回、さえずっている様子を掲載《けいさい》します。1998年7月13日に日光で録音したものです。

このうち、高い声（H型）で24回、低い声（L型）で26回鳴きました。さえずりとさえずりの間（鳴き終わってから次の声との間）は平均10.11秒です。これは比較的《ひかくてき》のんびりした間合いだと思います。

人の呼吸の平均は1分間に十数回です。1回6秒として約2回呼吸するとウグイスのさえずりが聞こえる計算になります。もし「ホーホケキョホーホケキョホーホケキョ」と立て続けに鳴いたらせわしなくてのんびりできませんが、ゆっくりした間で鳴くので、のんびりできるのでしょう。

鳴いた順番	①	②	③	④	⑤	⑥	⑦	⑧	⑨	⑩	⑪	⑫	⑬	⑭	⑮	⑯	⑰
声の高さ	H	L	H	L	H	L	H	L	H	L	H	L	H	L	H	L	H
次の声までの間合い	9.0秒	8.2	8.2	6.9	8.9	8.7	9.4	6.8	8.2	9.0	8.2	7.9	8.0	7.4	16.0	8.7	7.5

鳴いた順番	⑱	⑲	⑳	㉑	㉒	㉓	㉔	㉕	㉖	㉗	㉘	㉙	㉚	㉛	㉜	㉝	㉞
声の高さ	L	H	L	H	L	L	H	L	L	H	L	H	L	H	L	H	L
次の声までの間合い	8.4秒	9.2	10.0	9.5	8.3	8.7	16.0	16.5	9.1	11.0	7.5	8.9	9.2	10.0	8.3	9.0	8.0

鳴いた順番	㉟	㊱	㊲	㊳	㊴	㊵	㊶	㊷	㊸	㊹	㊺	㊻	㊼	㊽	㊾	㊿
声の高さ	H	L	H	L	L	H	H	L	L	H	H	L	H	L	L	H
次の声までの間合い	9.7秒	8.7	8.4	19.0	7.5	14.0	31.0	9.4	10.8	10.9	13.1	9.5	10.7	10.4	8.0	ー

音の高さが変化するため緊張感《きんちょうかん》が生まれにくい

ところで、たとえば自動車がバックするときの警告音《けいこくおん》や、目覚まし時計などの「ピピピピピ」という機械的な連続音は、ウグイスに似た高さの音ですが逆に緊張させられる音だと思いませんか？ これは、同じ音が同じ強さでくり返されるからです。

しかし、ウグイスの声は高い声が続いたかと思うと低い声と交互《こうご》になり、今度は低い声が連続するというように規則性がありません。乱数表を見て鳴いているのではないかと思うほどランダムにくり返されます。いわば「規則性がない」という規則で鳴き、だから緊張感《きんちょうかん》が生まれにくいのです。

音量・間・音程のランダムさが、のんびりのひみつ

録音しているとよくわかるのですが、1羽のウグイスが鳴いていると、遠くでもう1羽のウグイスが必ず鳴いています。1羽のオスが鳴けば、隣《となり》のオスもなわばりの確認のために鳴き、メスをとられないようにさえずるのです。さえずりがかぶることは、ほとんどありません。これは相手の声を聞いてタイミングをはかっているのにまちがいないと思っています。

1羽のウグイスの声の中に間があり高い低いがあって、そこへ別のウグイスのさえずりが加わることで、大きな音と小さな音が入り混じる。これらがすべて不規則なタイミングで聞こえてくるのです。こうした音色の多《た》彩《さい》さとランダムさが、ウグイスのさえずりを聞いて、私たちがのんびりできる理由ではないかと思います。

告白はマイペースに

鳥たちのコーラスは、ソロパートのかけあい

ウグイスが鳴いている場所では、たいがいほかの小鳥たちもさえずっています。自然が豊かであるほど、いろいろな小鳥の鳴き声も聞こえます。何種類もの野鳥たちが、いっせいにさえずるようすを「コーラス」と言います。夜明けとともに谷間からわき上がるコーラスでは、ときに10種類を超《こ》える野鳥たちが歌い合います。

おもしろいのは、いっせいに鳴いても微妙《びみょう》に鳴き声が重ならないことです。ウグイス同士はもちろん、同じような間で鳴くコマドリやコルリもウグイスとかぶらないように鳴いています。また、コガラが鳴きやむと同じ仲間のシジュウカラが鳴き始めます。ふっと間が空くとアカゲラがドラミングの音（木をつつく音）を入れてくれます。少し静かになったと思ったらミソサザイが大きな声で鳴き始めるといったように、かけ合いは続きます。カッコウとホトトギスはほかの鳥の声とは関係なくマイペースで鳴き続けますが、全体には、やはり規則性のない規則で鳴き合っています。

のんびりカッコウ

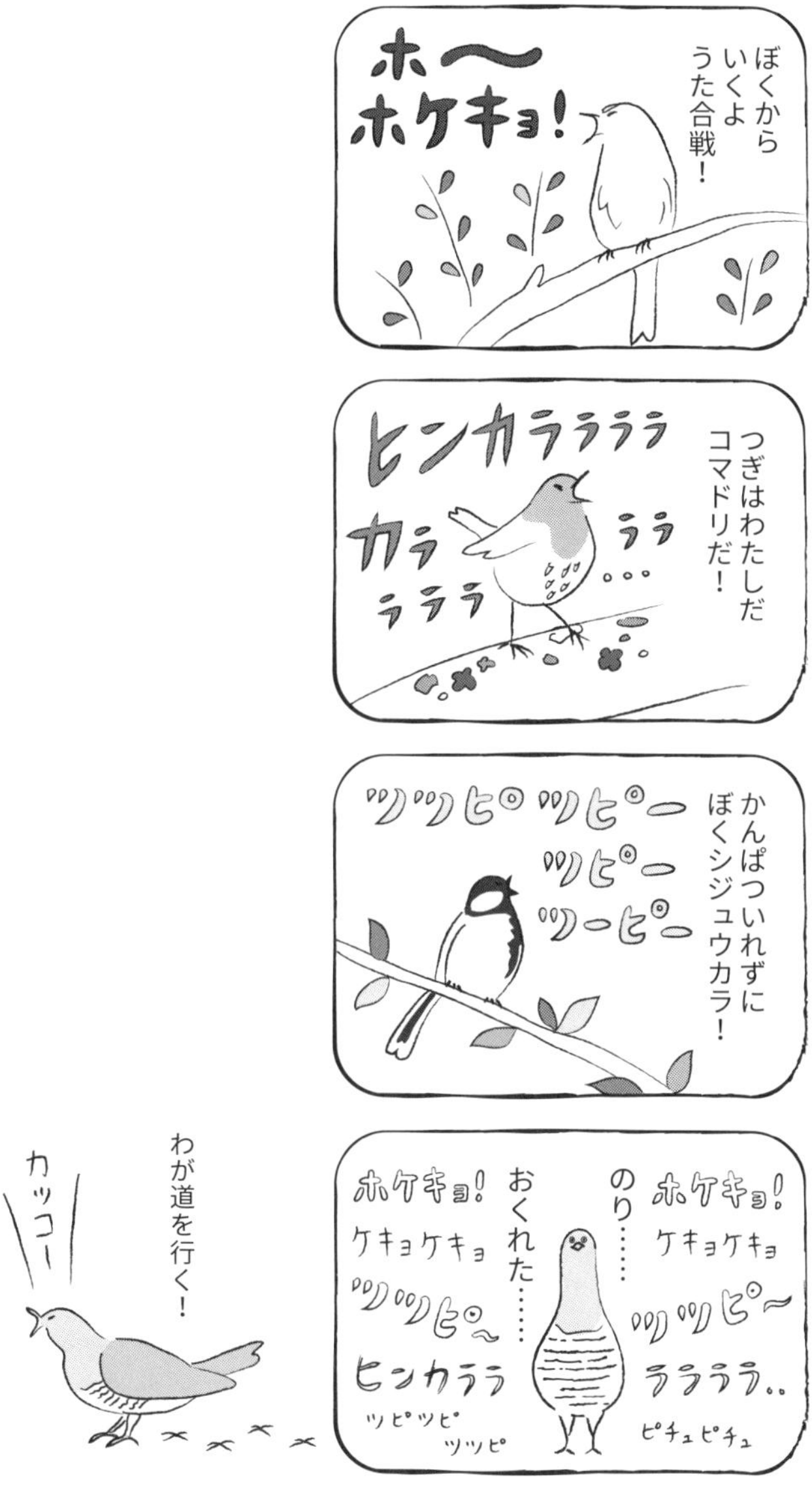
ホ〜ホケキョ!
ぼくから
いくよ
うた合戦!
ヒンカラララララ
カラ
ララ
ラララ
つぎはわたしだ
コマドリだ!
ツツピ ツピー
ツピー
ツーピー
かんぱついれずに
ぼくシジュウカラ!
のり……
おくれた……
ホケキョ!
ケキョケキョ
ツツピ〜
ラララ..
ピチュピチュ
ホケキョ!
ケキョケキョ
ツツピ〜
ヒンカララ
ツピツピ
ツツピ
わが道を行く!
カッコー

春でもさえずらない鳥

スズメやカラスのさえずりは？

身近な鳥は、さえずっているのか

身近な鳥のスズメ、ヒヨドリ、ムクドリ、ハシブトガラスのさえずりについて考えてみましょう。これらの鳥は、さえずらないか、さえずりがはっきりしていません。実は、さえずらない鳥もいるのです。

たとえば、スズメやムクドリのように、いくつかのつがいが集まって巣を作る鳥たちは、なわばりを宣言する必要があまりありません。そのため、なわばりを主張するためのさえずりがないか、鳴く回数が少ない、あるいは巣の近くでしか鳴かないために私たちが聞く機会がないのです。

群れで生活する鳥、エナガやレンジャク類も同じです。

ヒヨドリの「ピーヨピーヨ」はさえずり？

1年を通じてよく目にするヒヨドリ。どの鳴き方がさえずりにあたるの

かわからないとよく言われます。しかし、よく観察すると、春から夏に長い間同じ所にとまって同じ節で鳴き続ける歌があるのがわかります。毎日歩いている公園ならば、いつも同じ所で同じ鳴き方をするヒヨドリを見つけられるはずです。このことから、その歌には少なくともなわばり宣言の意味があると私は思っています。

ハシブトガラスはさえずらないが、なわばり宣言は頻繁《ひんぱん》

ハシブトガラスは、小鳥のようなさえずりらしいさえずりはありません。しかし、夜明け前後に「カー、カー」と1羽が大きく鳴き、遠くでほかのオスが鳴き返すなわばりの確認を毎日、繁殖期《はんしょくき》は昼間にもします。

求愛は相互羽繕《そうごはづくろ》い・求愛給餌《きゅうあいきゅうじ》・空中でのディスプレイフライトなど多様です。求愛給餌は「食べ物を捕《と》るのが上手いぞ」というアピールで、ディスプレイフライトではフィギュアスケートのアイスダンスのようにオスとメスが息の合った飛び方をします。鳥にとって必要不可欠な飛行技術が優れているのはもちろんのこと、相性がよくないとできない行動です。

鳴けない鳥もいる

実は、鳴けない鳥もいます。その例がコウノトリです。ほかの鳥とは鳴《めい》管《かん》（P80）の形状がちがうと言われ、それを補うためにくちばしをたたいて大きな音を出す「クラッタリング」をします。ただ、飼育下では「シュー」という声を聞いたという記録があるので、少しは鳴くことができるようです。クラッタリングをすることで、「大きな音の出るくちばしは魚を捕《と》るのに役立つぞ」とメスへアピールしていることになります。

キツツキ類はさえずらずに木をたたいて音を出す

コウノトリと同じように音を立ててさえずり替《が》わりにしている鳥が、キツツキ類です。アカゲラはくちばしで木を１・７秒間に24～25回たたき、大きな音を出します。この「ドラミング」で木のなかの虫を捕《と》るために必要な「がんじょうなくちばしを持っているオスだぞ」とアピールします。

大きな音がする木は、枯《か》れて虫がたくさん入っている証拠《しょうこ》になるので、

コウノトリ

「ここは食料豊富ななわばりだ」とメスに伝える効果もあります。

トラフズクは翼《つばさ》をたたいて声の小ささをカバー

声が小さいので、身体で補う鳥もいます。

トラフズクは低い声で「ホーホー」と鳴きますが、鳴いている木の下にいないと聞こえないくらい小さな声です。この声ではなわばり宣言の意味がないし、離《はな》れたメスにも聞こえません。しかし、ときどき枝が折れるような音や人の拍手《はくしゅ》のような「パチ」と鋭《するど》い音が聞こえます。オスが飛びながら翼を体の下で打ちつけて出す「ウィングクラップ」という音です。「じょうぶな翼を持っているぞ」というアピールでしょう。小さな声をフォローしているかのように聞こえます。

オスが「自分はいいDNAを持っているぞ」とアピールするのがさえずりです。ここでは数例しか紹介《しょうかい》できませんでしたが、そのさえずりがない、あるいは少ない理由や、さえずりの替《か》わりの方法などを読み解くと、その鳥の生き方や特徴《とくちょう》がわかっておもしろいと思います。

好みのタイプ①

ん?・
キツツキさんて どんな男子が タイプなんですか?
そりゃ 木つつきの うまい 男子よね
よっと
へぇ~…
いい音 なのかな…
ウグイスさんは?
なんといっても 歌のうまい男子です
ふ~ん… 歌ねぇ…
かわってるなぁ

好みのタイプ②

わたしはね…
つつつ…
トラフズクさん
ずばり……
カッ
つばさの音よ
あれよ あの音よ
パチッ
パチッ
すてき……
ぽっ
へ、へぇ～…
かわってる～…

第五章
「ホーホケキョ」以外のいろんな鳴き方

鳥はさえずり（ウグイスならホーホケキョ）以外にも
いろいろな鳴き方をしています。
ここでは、ウグイスを例に
さえずり以外の鳴き方の種類や意味を
見ていきましょう。

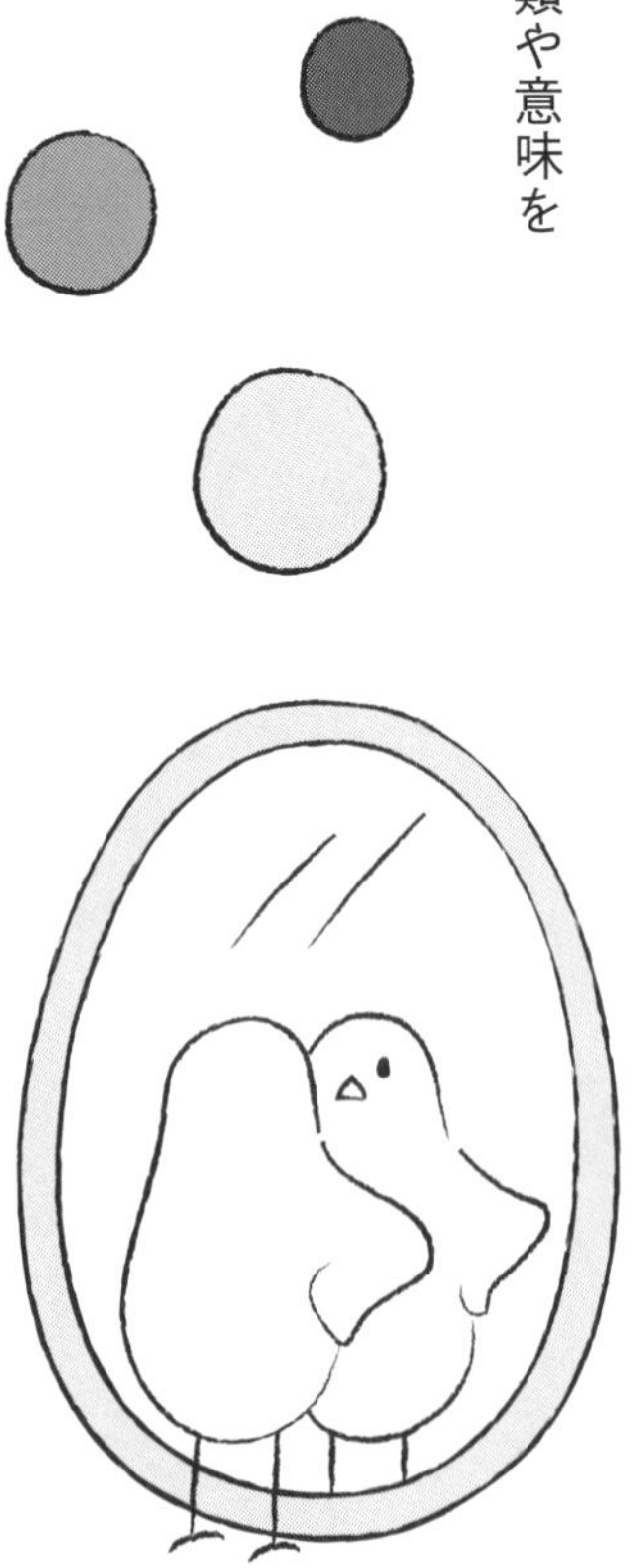

ホーホケキョ以外の鳴き方① 谷渡《たにわた》り

ホーホケキョの合間の「ケキョケキョ…」

山道で突然《とつぜん》けたたましい鳴き声がしてびっくりすることがあります。しばらくすると「ホーホケキョ」と聞こえてきて、「ウグイスだったのか」とわかります。また、のんびりとウグイスのさえずりを聞いていると、ときどき「ケキョケキョケキョケキョ……」と連続した声になることもあります。

これを〝ウグイスの谷渡り〟と呼んでいます。

実は、ウグイスは「ホーホケキョ」以外にも、いろいろな鳴き声を出します。そのひとつが谷渡りです。大きな声から始まってだんだん小さくなることが多いので、まるでウグイスが移動しながら鳴いている、谷を渡って行くように聞こえることから「谷渡り」と命名したのでしょう。

谷渡りは、なわばりに近づく敵などに対する警戒《けいかい》の意味があると言われていますが、いろいろ聞いているとそれ以外にも意味がありそうです。

谷渡《たにわた》りは敵を警戒《けいかい》する声

前述のように突然《とつぜん》、道ばたで大きな声で鳴かれるときはウグイスが近くにいる人を警戒して鳴いている可能性があります。

また、以前、のんびり鳴いているウグイスを録音していたとき、ツツドリが近くに来てとまったら、激しい谷渡りの鳴き方に変わったことがありました。ツツドリはカッコウの仲間で、卵をほかの鳥の巣に産みつけて育ててもらう「托卵《たくらん》」という習性があります。その被害《ひがい》に遭《あ》う可能性があるので、ウグイスにとってツツドリは警戒すべき相手なのです。このときの谷渡りはけたたましく大きな声で警戒している声という印象でした。

百瀬浩《ももせひろし》さんの観察では、メスはオスの谷渡りの声を聞くと、ヒナに食べ物を運んできても巣に近づこうとしなかったと言います。その後オスが「ホーホケキョ」という鳴き方に戻《もど》ると、巣のヒナに食べ物を与《あた》え始めたと言い、その点からも谷渡りの声には警戒の意味があると考えられます（百瀬浩・1987）。

※《出典》
百瀬 浩 1987 ウグイスの鳴き声の秘密 野鳥 Vol.52 No.10 14－17 日本野鳥の会

コラム　たくみにたくらむ「托卵」

ほかの鳥に卵を育ててもらえたらなんと楽でしょう。実はそう考えた鳥がいます。日本ではカッコウの仲間がこの「托卵」を行い、托卵される鳥は「仮親《かりおや》」と呼ばれます。仮親はその年1羽も子孫を残せないことがあります。

しかし、托卵する方も実際にはとても大変です。まず、仮親と卵の色を同じにします。ヒナがもらえる食べ物も同じ。托卵される鳥の隙《すき》を狙《ねら》って卵を産みつけるため、産むタイミングもコントロールできないと困ります。卵が増えて怪《あや》しまれないよう、産みつけたら巣にあった卵を1個、持ち去ります。ヒナは仮親のヒナたちより早く卵から孵《かえ》って、ほかの卵を巣の外に落とさねばなりません。そのため背中は卵を載《の》せやすい平らな形になっています……などなど。托卵を成功させるために、とても涙ぐましい努力が必要なのです。

托卵は、托卵されても減らないほど仮親となる鳥がたくさんいる豊かな自然がなくては成り立たないという、難しい繁殖《はんしょく》方法です。カッコウの仲間の鳴き声が聞こえるのは、多様性に富んだ環境《かんきょう》の証拠《しょうこ》となります。

谷渡《たにわた》りも「ホーホケキョ」と同じ春からの鳴き方

ウグイスが谷渡りで鳴くのは、さえずりのシーズンのみ。繁殖期《はんしょくき》限定の鳴き声で、秋から冬に聞くことはありません。「ホーホケキョ」という初鳴きを聞くようになってから、谷渡りも聞くようになります。

冬でも警戒《けいかい》することがあると思うのですが、谷渡りを聞いたことがないので不思議に思っています。

複雑に変化する谷渡り

日光《にっこう》で2010年5月15日に録音した5分10秒間の谷渡りを分析《ぶんせき》してみたら、その鳴き方がとても変化に富んだものであることがわかりました（図5・6）。鳴き始めはとてもけたたましく大きな声で、速いテンポで鳴いています。その後少し音量が小さくなって、だんだんゆっくりになり、間のある鳴き方へ変化していきます。

録音した谷渡りをくわしく分析してみると、谷渡りにもいろいろあるこ

谷渡り「ケキョケキョケキョ…」の音の声紋《せいもん》（声の高さ）と波形（音量）

【図5】 声紋

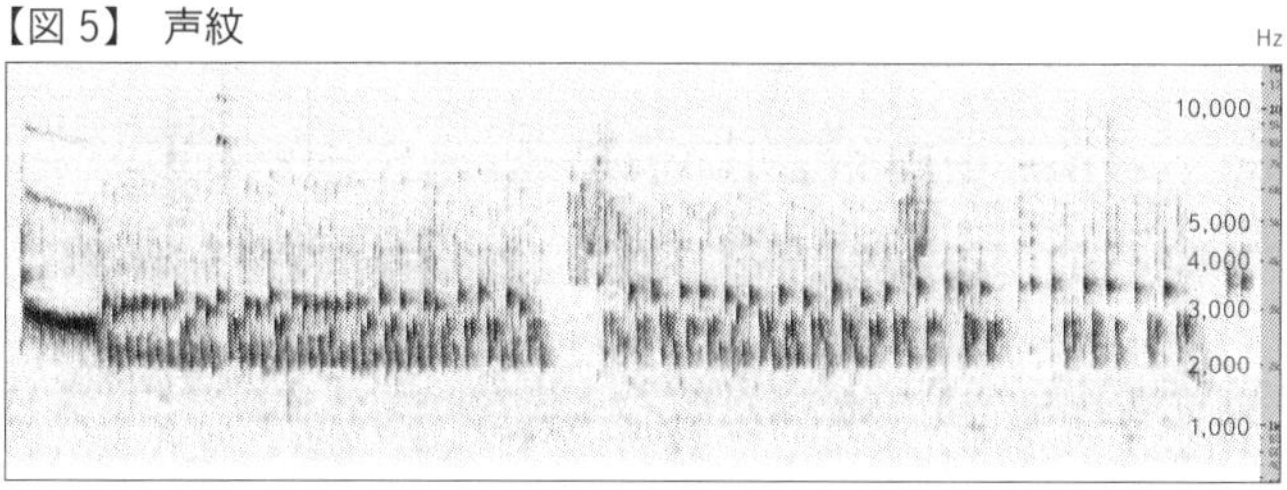

最初にけたたましく大きな声で「キョキョキョキョ」と鳴きました。2.5秒間に27回というかなり速いテンポで、声の高さは3,000Hz《ヘルツ》を超《こ》えています。終わりのほうは少し尻《しり》下がりになって2,600Hzまで下がります。この後は「ケキョ、ケキョ」と少しゆっくりしたくり返しになりました。「ケキョ」は3,000Hzを超える「ケ」から2,000～2,600Hzの「キョ」まで幅《はば》のある鳴き声です。これを37秒の間に60数回くり返していました。テンポはだんだんおそくなり、ときどき1秒ほどの間も空きます。

【図6】 波形

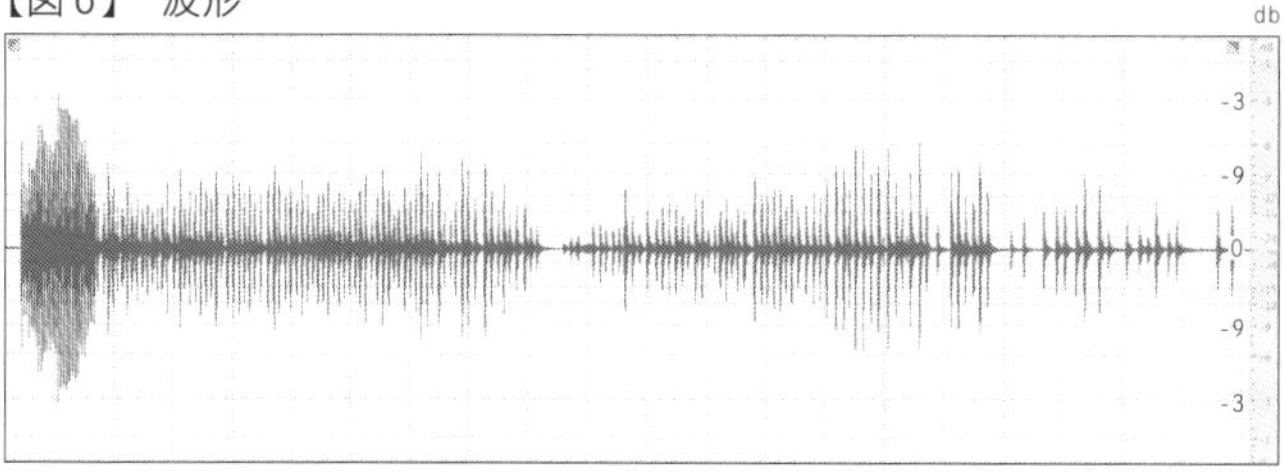

声の大きさは、初めの「キョキョキョキョ」という連続した鳴き声はマイナス21db《デシベル》で、次に続く「ケキョ」はだいたいマイナス27dbでした。鳴き初めのほうが力の入った大きな声だったことがわかります。

とがわかります。短いもの、長いもの、けたたましいもの、ゆっくりとした鳴き方など、さまざまなバリエーションがあります。

ウグイスが谷渡《たにわた》りをする頻度《ひんど》

2012年5月15日に新潟県の粟島《あわしま》で、繁殖期《はんしょくき》のウグイスの声を録音しました。このときは、1時間40分の間に26回谷渡りで鳴きました。「ホーホケキョ」とさえずっていた時間と、谷渡りの時間を平均してみたところ、だいたい3分のさえずりに対して1分弱の谷渡りをしていた計算になりました。

しかし3分おきに警戒《けいかい》すべき事態が起きているとは考えにくいので、谷渡りには警戒以外にも意味があると思うのです。それはなんでしょう？

谷渡りには、警戒以外になわばりアピールの意味も？

「ホーホケキョ」は2秒ほどの鳴き声ですが、谷渡りは平均で30秒かかります。長いと4分も同じところで鳴き続けます。これは天敵に見つけられる危険がある鳴き方です。つまり、せっかく見つかりにくい藪《やぶ》のなかで鳴いているのに、その意味がない鳴き方と言えます。

危険をかえりみないで鳴くメリットとはなんでしょうか。

ウグイスの声を聞いていると「ホーホケキョ」という鳴き方が続いて、それがだんだん高揚《こうよう》していくと谷渡りに入るという印象も受けます。つまり、谷渡りは「さえずり」の一部と考えてもいいのかもしれません。

谷渡りには、警戒以外に、オスの存在を強くアピールする効果があるのではないかと私は考えています。聞いていて、「ウグイスだぞ」というアピールが、より強く伝わってくる感じと言えます。

ホーホケキョ以外の鳴き方② 笹鳴《ささな》き

小鳥の鳴き声はさえずりと地鳴《じな》きの2種類

小鳥の鳴き声を大きく分けると、「さえずり」と「地鳴き」となります。

地鳴《じな》きは、仲間同士の存在の確認、飛び立つ時のかけ声、飛んでいる時の声、群れの鳴き合い、警戒《けいかい》、威嚇《いかく》、闘争《とうそう》、食べ物を見つけたときの喜びの声、ねぐら入りやねぐら立ちの声、ヒナや幼鳥の声などいろいろです。いわば地鳴きは、小鳥の日常会話の声です。もちろん、ウグイスにも地鳴きがあります。ウグイスの地鳴きは特別に〝笹鳴《ささな》き〟と呼ばれています。

ウグイスの笹鳴きは「チャ、チャ」「ジャ、ジャ」

笹鳴きは「チャ、チャ」あるいは少しにごって「ジャ、ジャ」と聞こえます。ササのなかで鳴くので「笹鳴き」、あるいはささやくように鳴くので「ささ鳴き」と呼んだのが由来でしょう。

都会の公園などでウグイスに気づくのは、3月ごろになって聞こえ始める「ホーホケキョ」という鳴き声です。でも、実はウグイスは秋からいます。秋から冬は、この笹鳴きをしているために気がつきにくいのです。

笹鳴きは、藪《やぶ》のなかから聞こえてきます。たとえば公園のクマザサの葉《は》陰《かげ》から聞こえてきます。しばらく聞いていると、鳴き声がササのなかを移動していくのがわかります。声のするほうを見ると、ササが少しゆれてウグイスがいることがわかります。ウグイスの姿が見えなくても、ウグイスの気配を感じることができます。

笹鳴きの声紋《せいもん》を分析《ぶんせき》する

2007年1月28日に六義園《りくぎえん》で録音した笹鳴きの声紋を見てみましょう(図7)。このときは1分28秒間、鳴き続けていました。5秒の間に16回鳴いているので、平均すると1秒間に約3回鳴いていることになります。これはけっこうな頻度《ひんど》です。1分半で約270回音を出しています。

声紋は、ただの1本の線にしか見えません。しかし拡大してみると、笹鳴きの音には低い音から高い音まで、幅広《はばひろ》い高さの音がふくまれていることがわかります。

笹鳴きは高・低が両方入った伝わりやすい音

笹鳴きには高い音の要素があるので、茂《しげ》った藪のなかでも音が通り抜《ぬ》け

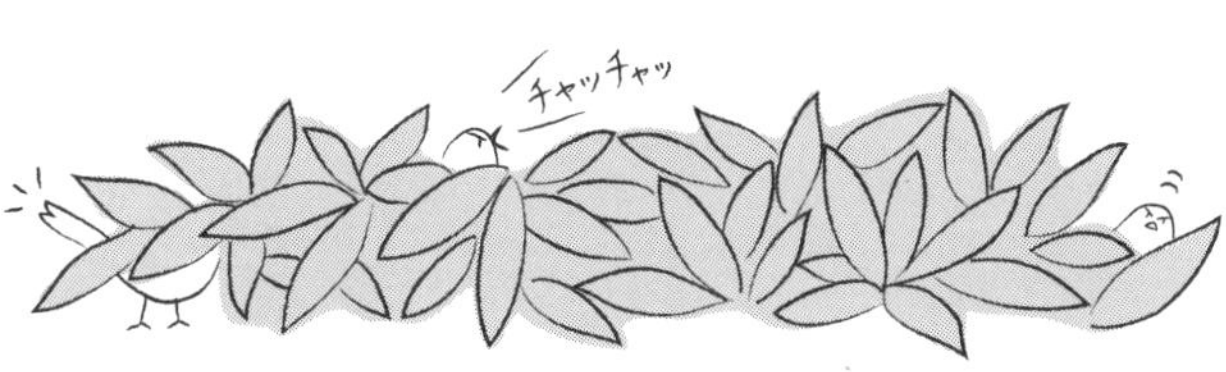

笹鳴《ささな》きの声紋《せいもん》（声の高さ）

【図 7】

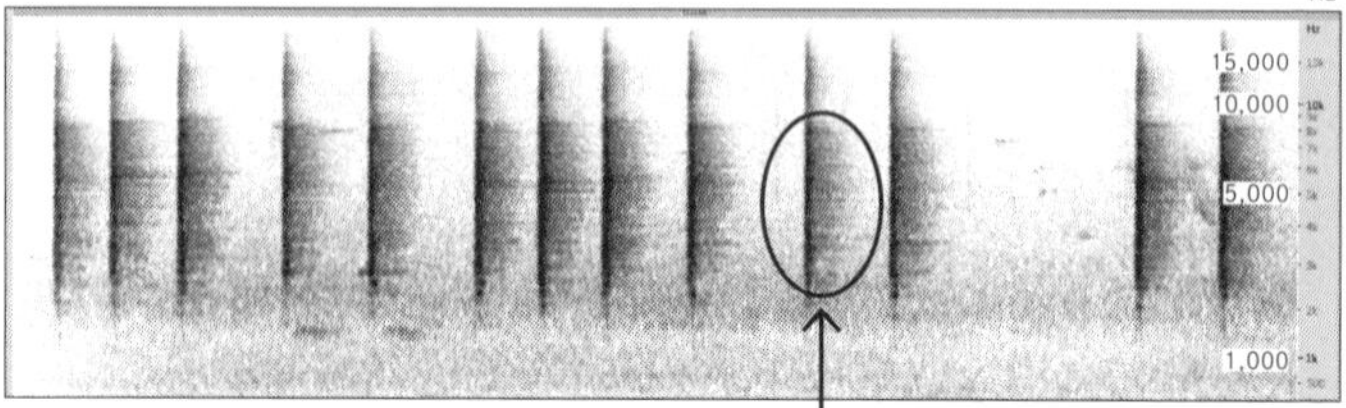

● 3,000～7,000Hz《ヘルツ》の間に波形のパターンが数本の筋となっていることがわかります。また、この3,000～7,000Hzの広い幅《はば》に声紋の中心があり、音はその上下の1,600～20,000Hzまでのびています。間隔の短いところで0.3秒、長いところで1.3秒です。だいたい1秒間に3回鳴いています。

●声紋のパターンが不明瞭《ふめいりょう》なのは音がにごっているからです。これが、私たちの耳には「ジャッ、ジャッ」とにごりのある声に聞こえるのです。また、鳴き終わった後も0.1秒くらい余韻《よいん》が残っていることがわかります。

て遠くまで聞こえるメリットがあります。さらに、低い音の要素があることで、障害物のないところでは遠くまで聞こえます。この2つの要素をかね備えた音を出しているので、より遠くまで笹鳴《ささな》きが聞こえます。これは、さえずりの「ホーホケキョ」とも共通する特徴《とくちょう》です。

また、スズメ、ムクドリ、アカゲラなどの幼鳥も同じような声紋《せいもん》パターンで鳴くことがわかっています。実は、小鳥の幼鳥の多くはこのパターンで鳴いているのです。幼鳥の鳴き声は単純ですが、幅広《はばひろ》い音域の音を出すことで、より遠くまで音を通らせ親鳥と交信しているのです。

かつてウグイスの幼鳥の声を聞いたことがあります。親鳥（おそらくメス）の後をついてヨシのなかを移動していくときの鳴き声で、笹鳴きを細かくしたような声で「ジュリリリ、ジ、ジ、ジ」と聞こえました。声紋で見ると笹鳴きより音が高めで、2000〜22000Hz《ヘルツ》(録音モードの限界でした。実際はもっと上まであったかもしれません)まで音があり、音の中心は6500〜7500Hzでした。低い音から高い音までふくむ声だと言えます。

笹鳴《ささな》きの意味

一般的《いっぱんてき》な地鳴《じな》きは「今どこ」「私はここよ」の存在確認

さて、鳥の地鳴き（ウグイスの場合は笹鳴き）の意味はなんでしょう。その多くには、仲間同士の存在確認の意味があると思います。とくに、葉の茂《しげ》った森のなかでは姿が見えないので、鳴き声による交信が重要な手段となります。人混みのなか携帯《けいたい》電話で「今どこ」「私はここよ」と話しているようなものです。仲間の声が聞こえることで、安心感を得られます。

ウグイスの笹鳴きにも、同じような意味があると思います。同時に、自分の領域にほかのウグイスが入って来ないよう自己主張する意味もあると思っています。以下、それについて説明していきます。

鳥の食べ物と行動の関係

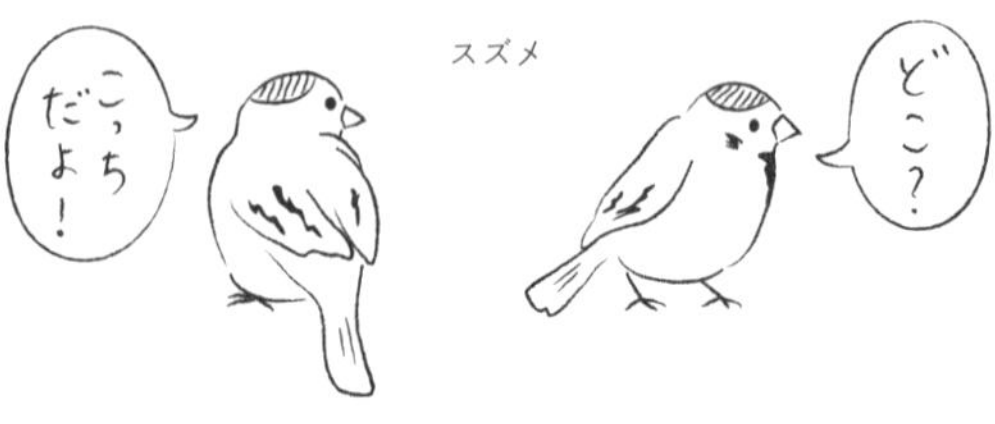

地鳴きのもうひとつの意味を考えるとき関係するのが、その鳥の食べ物です。ここで、鳥の食べ物と行動の関係を見てみましょう。

スズメやムクドリのように冬になると群れる鳥の多くは、冬はおもに木の実や草の実を食べる鳥たちです。アトリのような鳥は数万という大群になり、いっせいに飛ぶ姿はまるで雲のように見えます。

群れで暮らすことには利点があります。たとえば植物の実であれば、たくさんある場所を仲間が見つけてくれれば食べ物を得ることができます。もし食べ物をめぐって競争が起きても、見つけてもらうことのほうがありがたいのです。また、群れることで目が増えて天敵から逃《に》げやすくなるなど、いろいろなメリットがあります。

しかし、食べ物が動物だと獲物《えもの》が少ないため、群れだと仲間との競争が起きて効率が悪いのです。だから、動物食であるモズの群れは見たことがありません。渡《わた》りのときにたまたま群れ状態になるサシバというタカがいますが、猛禽類《もうきんるい》も基本的に群れは作りません。動物食の鳥は、群れることがないのです。

アトリ

チームスズメにかこまれて①

チームスズメにかこまれて②

昆虫食《こんちゅうしょく》のウグイスは単独行動する

ウグイスはおもに昆虫を食べます。つまり動物食で、基本的には群れを作りません。渡《わた》りのときに10羽程度の群れ状態になるのを見たことがありますが、越冬地《えっとうち》に着いたらバラバラになり単独で暮らしています。

単独行動なので、笹鳴《ささな》きをするときは仲間同士の存在確認の意味は薄《うす》いでしょう。どちらかというと「ここは俺《おれ》の土地だから入ってくるな」という意味のほうが強いと思っています。

以前、藪《やぶ》のなかで、笹鳴きで鳴き合っているウグイス2羽に出会ったことがあります。さかんに鳴いて、威嚇《いかく》をしているのではないかと思うほどでした。しばらくすると一羽が鳴きやみ、ササがゆれて離《はな》れて行きました。もう1羽は勝ち誇《ほこ》ったように鳴き続け、存在を誇示《こじ》しているかのようでした。近くに来たほかのウグイスを笹鳴きで追い払《はら》ったという印象でした。

ウグイスの笹鳴きは「少ない昆虫を確保するために、ほかのウグイスを遠ざけようと自己主張する鳴き方」ではないかと考えています。

ウグイスは季節で鳴き方を変える

夏の笹鳴きはめずらしい

繁殖期《はんしょくき》である夏に笹鳴きを聞くことは、まれです。

私は春から夏にウグイスのさえずりを山ほど録音していますが、笹鳴きを聞いたのはわずか1度。2015年6月29日に日光の戦場ヶ原で録音したときだけです。時期的に、繁殖期の中盤《ちゅうばん》から後半でしょう。5mほど離れた藪で鳴いていたのですが、冬と比べて声が小さく聞こえました。

このときは一瞬《いっしゅん》姿が見えてウグイスであると確認できましたが、オス・メスのちがいである大きさを判断するほどじっくり見られませんでした。「ホーホケキョ」とさえずるのはオスだけですが、はたして、この笹鳴きをしたのはオスだったのかメスだったのか……。確認できず惜しいことをしました。

ところで、飼育記録ではオスがさえずりの合間に地鳴《じな》きをしたという報告があります。ということは、少なくともオスについては繁殖期《はんしょくき》でも笹鳴《ささな》きをすることがあるようです。メスについては飼育記録がなさそうなので不明です。

繁殖期は「ホーホケキョ」で越冬期《えっとうき》は「チャ、チャ」

ウグイスはいつから笹鳴きで鳴くのでしょうか。

手元の記録で、もっとも早いものは9月8日。夏が終わり秋が始まるころです。場所は栃木県日光市《にっこうし》の大谷川《だいやがわ》の河原でした。翌日も同じところで鳴いていたので、これ以降、笹鳴きになったのだと思います。

この場所では8月25日までさえずりが聞こえていたので、同じウグイスがさえずりから地鳴きに鳴き方を変えたと考えられます。ちょうど8月から9月になったところで鳴き方を変えたのです。人間の暦《こよみ》通りにウグイスが行動を変えるとは思えませんが、季節の移り変わりとともに、スイッチを入れ替《か》えるようにして鳴き方が変わったことになります。そして、笹鳴きをはじめるともう「ホーホケキョ」とさえずることはありません。

ウグイスは、繁殖期はさえずりだけ、越冬期は笹鳴きのみとはっきりと鳴き方を変えていることになります。

メスは鳴かないの？
なわばりを守るため、まれにさえずるメスもいる

ここまで、ウグイスのオスを中心に話を進めてきましたが、ウグイスのメスはどうなのでしょうか？

まず、一般的《いっぱんてき》な小鳥のメスはさえずらないのか、という問題から考えましょう。結論から言うと、さえずります。私は、オオルリとマミジロについては、メスがさえずっているのを観察したことがあります。日本の野鳥では、これ以外にもサンコウチョウなどで報告があります。

しかし、その多くは「オスが死んでしまい、メスが代わりにさえずってなわばりを守る」「人が近づいてきたので威嚇《いかく》のためにさえずる」などイ

レギュラーな場合だと思います。また、報告のある例は、模様を見てオスとメスの区別がつきやすい鳥たちです。オスとメスの見た目が似ていて区別がつきにくい鳥に関して、こういった観察例はあまりありません。

ウグイスのメスは鳴くのか鳴かないのか

では、ウグイスのメスはさえずるのでしょうか？

残念ながら、メスがさえずったという報告は見つけられませんでした。報告がない理由は、ウグイスは藪《やぶ》にいることが多いので大きさをよく確認できず、鳴いているのがオスかメスか判別しにくいからかもしれません。

とはいえ、越冬期《えっとうき》に笹鳴《ささな》きをするのはまちがいないと思います。私自身、藪から出てきたメスが「ジャ、ジャ」と鳴いているのを見たことがあります。このときはスズメより小さく見えたためメスと判断しました。

ネット上では「メスは一年中、笹鳴きをする」あるいは「メスは一年中、地鳴きをする」という記述を見ますが、前述のように繁殖期《はんしょくき》に笹鳴きを聞くことはきわめてまれです。笹鳴きの意味は「冬なわばり」を守るための鳴き方である可能性が高く、春から夏に鳴くのは少ないと思っています。

また、ウグイスを研究している濱尾《はまお》さんは「メスは、ヘビを見つけると近づいていき、『チャチャチャチャチャ…』とやかましく鳴き立てながら周囲を飛び回ります」と報告しています（濱尾章二・2018）。つまりメスも敵が近くにいるときは威嚇《いかく》のために鳴くということです。残念ながら、私はまだ聞いたことがありません。ぜひ聞いてみたいと思います。

※《出典》
濱尾章二　2018「おしどり夫婦」ではない鳥たち　岩波書店

鳴きまねをする鳥・しない鳥

別の鳥そっくりに鳴く鳥たち

私は、鳥のさえずりを聞くと、すぐに名前が頭に浮かびます。

しかし、ときどき「この声はオオルリか、それともクロツグミか」と悩《なや》みます。というのは、小鳥たちは物まねをすることがあるからです。

たとえばキビタキはコジュケイそっくりな声でよく鳴きます。声紋《せいもん》のパターンもそっくりです。どちらもいるような里山では、一瞬《いっしゅん》どちらが鳴いているのか判断に悩みます。

モズは、漢字で「百舌」と書きます。百の舌があるほど他の鳥のまねをするというのが由来です。私は100種まで記録を集めることはできませんでしたが、少なくとも20数種のまねをしたと報告されています。

また、移入種（他の地域から入ってきた種類の生き物）のガビチョウは鳴きまねの名手で、どの声がガビチョウ本来の鳴き声なのかわからないほどです。このように、いろいろな小鳥が鳴きまねをします。

鳴きまねは「頭がいいぞ」というアピール

まねをするということは、学習能力があって頭がいいことのアピールになります。「暗記をする」「おぼえる」が勉強の基本なのは鳥でも同じことです。さらに、まねを入れることで、自分のさえずりを複雑にする効果があります。さえずりを複雑な構成にできるということは、暗記ばかりではなく自分のさえずりを際立たせることになり、応用力がある証明になりま

す。これも、私たちの勉強と同じです。

ようするに、鳴きまねを披露《ひろう》している鳥は「自分は頭のいいオスだぞ」「だから生存能力が高いぞ」とアピールしていると考えられます。

ウグイスが他の鳥をまねしない理由を考える

ウグイスのさえずりは「ホーホケキョ」のみ。あと谷渡《たにわた》りを交えるくらいです。独自のさえずりを頑固《がんこ》にも守って鳴いている感じです。「俺《おれ》はウグイスだぞ」と言い続けていることになります。どうしてでしょうか。

ここからは想像ですが、鳴きまねが上手すぎたら、まねされた鳥のメスが寄って来てしまうでしょう。しかし多くの鳥は目立つところで鳴いているので、他の鳥のメスは、鳴いている姿を見て「ああ、別の鳥がまねしていたのね」と思い、だまされることはありません。

ところが、姿が見えにくい藪《やぶ》のなかのウグイスがもし鳴きまねをしたら、ほかの鳥のメスからは本物か鳴きまねか、わかりにくいでしょう。また、ほかのウグイスに対しても、別の鳥だと思われたら困りますものね。

ホケキョ!
ホケキョ!
ウグイスは
同じ鳴き方を
守る

第六章
ウグイスは本当に「ホーホケキョ」と鳴く？

ウグイスは本当に「ホーホケキョ」と鳴いているでしょうか？
ここでは、地域によるちがい、個体によるちがい、
そして聞く人による認識のちがいについて
考えていきます。

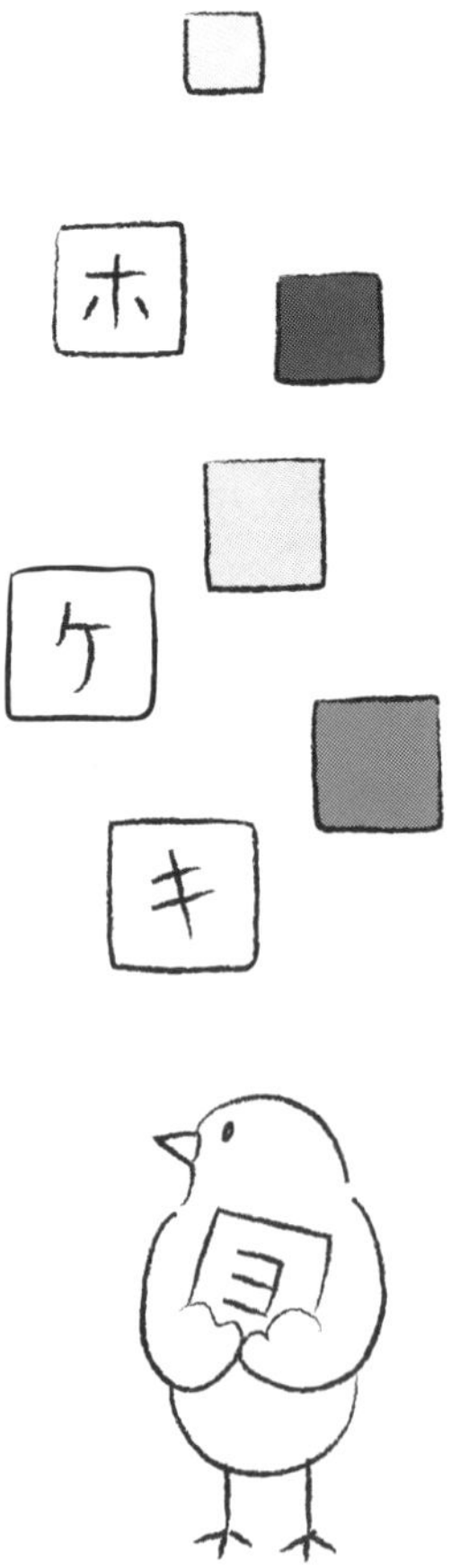

「ホーホケキョ」には方言がある？

北のウグイスは「ホーホケチョ」となまる

私はラジオ局の文化放送で『朝の小鳥』という番組の制作に13年以上関わっています。野外で野鳥の声を録音して家でシナリオを書き、編集した音声とアナウンサーが読むシナリオが合っているかスタジオでチェックするのが仕事です。

アナウンサーは、石川真紀《いしかわまき》さんです。この番組で北海道のウグイスを取り上げたとき、シナリオで「北海道のウグイスは『ホーホケチョ』と聞こえます。北海道の各地で、ウグイスのさえずりを聞いたことがありますが、だいたいこのような鳴き方をしています。」と書きました。これを読んだ石川さんは「こどものころ、ウグイスは『ホーホケキョ』と鳴くと教わったけれど、そのように聞こえなかったワケがやっとわかりました」と、ちょっと感動して言いました。実は石川さんは秋田県出身です。北海道のみならず北のほうのウグイスは「ホーホケチョ」と鳴いているのです。

このように、鳥のなかには地方によって鳴き方がちがうものがあります。これを方言と呼ぶことがあります。しかし、方言はAというものをBと言うような、まったく別の呼び方をするものです。たとえばマクドナルドを関西では「マクド」関東では「マック」と呼ぶようなものです。ですから、この程度のちがいは「なまり」といったほうが適切かもしれません。

小笠原《おがさわら》のウグイスの鳴き声は「ギーチョン」

「方言で鳴く」と言っていいかなと思うのは、小笠原列島のウグイスです。小笠原のウグイスにはハシナガウグイスという名前がついています。名前の通り、くちばしが長く姿も少しちがいます。本州などのウグイスとはちがう進化をたどり少しちがう亜種《あしゅ》に分類されています。

亜種とは、種のレベル以下の分類の単位です。別種とまでは言えないけれど、少し形や生態がちがうグループを言います。

鳴き声は「ギーチョン」や「ギーホッ」と聞こえ、別の鳥の鳴き声のようです。「ホー」の部分がにごり「ケキョ」が短い鳴き方です。高齢者《こうれいしゃ》には「ジーちゃん」と聞こえる鳴き声と言ったらわかりやすいでしょう。

火山の噴火《ふんか》により数千万年前に小笠原列島ができて、そこへ本州からたまたま渡《わた》ることができたウグイスがいたのでしょう。それから何百万年という時間を経て代を重ね、小笠原の自然にマッチした身体と習性を身につけて生き抜《ぬ》いた結果、鳴き声もちがうものになっていったということです。

石垣島《いしがきじま》では「ホーホケペチョ」と鳴く？

沖縄にも小笠原列島と同じようにウグイスの亜種がいます。もしかすると、3つの亜種がいる可能性があります。それは

・ウグイス（本州などのウグイスが冬鳥として沖縄で冬を越《こ》す）
・ダイトウウグイス（大東島の亜種。絶滅《ぜつめつ》した可能性も）
・リュウキュウウグイス（沖縄固有のウグイス）

の3つです。

このリュウキュウウグイスという亜種は、サハリンで繁殖《はんしょく》しているカラ

フトウグイスが越冬《えっとう》のために渡《わた》って来ているものだという説（2002・梶田学、真野徹、佐藤文男）があります。また、リュウキュウウグイスがいると言われている石垣島では夏にウグイスを見かけなくなるので、サハリンに渡り去っているのかもしれません。

私は、石垣島でウグイスのさえずりを録音したことがあります。その声は「ホーホケペチョ」と聞こえ、短いながら1音多い鳴き方をしていました。もしもサハリンのウグイスが石垣島のウグイスと同じ鳴き方だとしたら「夏はサハリンに渡っている」という説の裏付けになるかもしれず、おもしろいなと思っています。しかし、まだサハリンでカラフトウグイスのさえずりを録音できていないので、今のところ私の課題となっています。

ところで、北海道北部と緯度《いど》が同じ、千島《ちしま》列島のウルップ島でウグイスの声を録音したことがあります。北海道と同じ「ホーホケチョ」でした。つまり南千島は本州などのウグイスと同じ亜種がいると考えられます。

こんなふうに各地の鳥の方言を調べることで、まだ解き明かされていない渡りのルートがわかる可能性があるのは興味深いことです。

※《出典》
梶田学、真野徹、佐藤文男 2002 沖縄島に生息するウグイスCettia diphoneの二型について～多変量解析によるリュウキュウウグイスとダイトウウグイスの再評価～ 山階鳥類研究所研究報告 Vol.33 No.2 148－167 山階鳥類研究所

1羽1羽の「ホーホケキョ」にも個性が

「ホー」しか鳴かないウグイスもいた

いちばん印象に残っている、変わったさえずりをするウグイスは、埼玉県の武蔵丘陵《むさしきゅうりょう》森林公園のものでした。

「ホー」だけで「ホケキョ」がないのです。途中《とちゅう》でさえずりが終わってしまう鳴き方で、なんだか中途半端《ちゅうとはんぱ》な感じでした。初めは、何かに驚《おどろ》いてさえずりを途中で止めたのかと思いました。しかし、何度もこの調子でさえずっていましたので、このウグイスの個性といっていいでしょう。

4月13日だったので鳴き初めの練習ではなく、もう本格的なさえずりになっているシーズンです。ほかのウグイスはちゃんと「ホーホケキョ」と鳴いていて、1羽だけがとても個性的な鳴き方でした。ただ、このウグイスはときどきちゃんと「ホーホケキョ」という鳴き方もしていました。それで、なおさら記憶《きおく》に残っています。

「ホケキョ」の音が下がる、変わったウグイスも

栃木県日光《にっこう》の大谷川《だいやがわ》の河原では、「ホーホケキョ」の最後のところの音が下がる鳴き方をするウグイスがいました。これは、１９９６年に気がつき翌年も行ってみたらやはり同じ場所で同じような鳴き方をしていたので、同じウグイスの可能性があると思っています。しかし、この鳴き方は３年目は聞くことができませんでした。

私は「変わった鳴き方なのでメスに気に入られず、子孫を残せなかったのでは」と思いましたが、２００４年に同じような鳴き方をするウグイスが１kmくらい離《はな》れた山のなかにいることに気がつきました。ウグイスの寿《じゅ》命《みょう》は数年なので、８年後に声を聞いたウグイスはちがう個体でしょう。うまく子孫を残し、鳴き方を伝えられたのかもしれないと思っています。個性的な鳴き方をするウグイスからは、こうしたことがわかります。

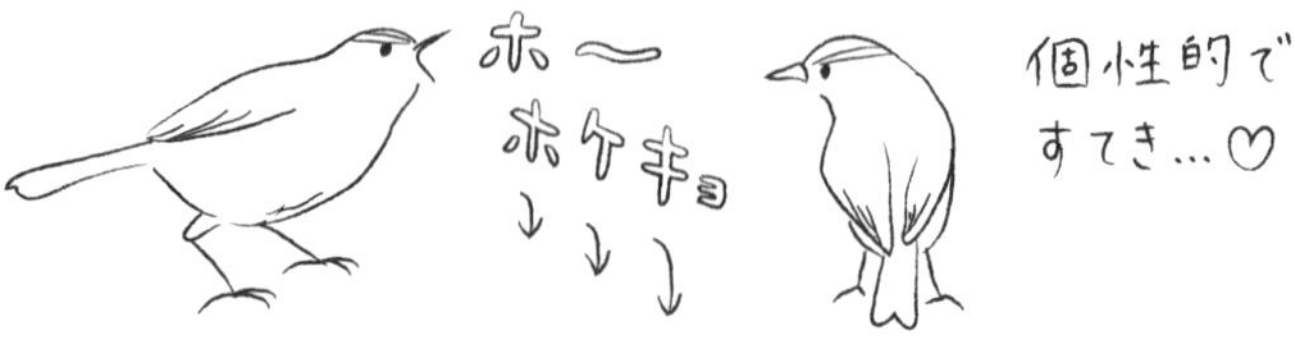

ウグイス同士は、それぞれの声を区別する？

特徴的《とくちょうてき》なさえずり方をするウグイスは人の耳でもわかります。ここからは想像と推定ですが、私たちには同じように聞こえる「ホーホケキョ」ですが、ウグイス同士は1羽1羽の鳴き方を区別できるのではないかと思っています。

たとえば、音の高さ、「ケキョ」の上がり下がり、響《ひび》き具合でちがいを聞き分けることができそうです。おそらく、オスはとなりのオスの声をおぼえていて、自分のなわばりに入って来ないときは安心しています。しかし、となりから今まで聞いたことのないオスの声が聞こえれば、侵入者《しんにゅうしゃ》として対応しなくてはなりません。メスは、家のダンナの声が聞こえている限りは安心していられますが、他のオスの声が聞こえれば警戒《けいかい》します。

1羽1羽の鳴き方の微妙《びみょう》なちがいを知るため、ためしに録音した音声をゆっくり再生してみましたが、私の耳ではちがいがわかりませんでした。しかし、声紋《せいもん》で表示する時間軸《じかんじく》を長くすると「ケキョ」の上がり下がりにちがいがあることが見えてきます。このあたりが、ウグイス同士だれが鳴いたか聞き分けのポイントになっているのではないかと想像しています。

人間は脳で音を聞く

録音した「ホーホケキョ」をスロー再生すると

今さらですが、ウグイスのさえずりをカタカナにしたとき、どう表現しますか？　地方差や個体差、鳴き始めなど、鳴き方の微妙《びみょう》なちがいを抜《ぬ》きにして「ウグイスのさえずりは？」と問われれば、私は「ホーホケキョ」と言い、書いてしまいます。

しかし本当にそう鳴いているのでしょうか。

本書の執筆《しっぴつ》に当たり、何度も自分が録音したウグイスのさえずりを声紋《せいもん》も表示させながら聞いてみました。どう聞いても「ホーホケキョ」です。しかし、ゆっくり再生すると「ホケキョ」と聞こえる部分にもう一音あって「ホケキョケヨ」と聞こえます。「ケヨ」は、節のなかでもっとも高い部分です。ただ、一気に聞くとやはり「ホケキョ」に聞こえます。

さらに「ホー」は2000～2500Hz《ヘルツ》で救急車のサイレンの音の高い

部分や車がバックするときの音とそれほど変わりません。素直に聞けば「ピュー」という音です。そう思って聞くと「ピューホケキョケヨ」です。
それが、なぜか「ホーホケキョ」と聞こえます。

日本人は音を50音に当てはめて認識

日本人は音を基本的には50音で理解し表現しています。それ以外の音があったとしても50音のどれかに当てはめて表現する、あるいは聞いていることになります。50音では無理な音であっても、無理矢理、50音で表現します。こうすることで、日本人同士はスムーズに話せるというメリットがあります。

この音の表現は昔から言われていたり、親から子に伝えられたりしています。たとえば、イヌがいれば母親は「ワンワンね」と言います。そのため、赤ちゃんはイヌが鳴けば「ワンワン」と聞き、おぼえていくわけです。もし「バウワウね」と言い続ければ、日本人でも子どもはイヌの声を「バウワウ」と聞いて、そう表現するようになると言われています。

人間は脳で音を聞く

音を耳で聞き、それが脳に伝わり、記憶《きおく》と照らし合わせて処理されます。そのときに、人が出せる音、表現できる言葉に変換《へんかん》していると言ったらいいでしょうか。ですから、音は耳で聞いているのではなく脳で聞いていることになります。

「ホーホケキョ」や「ワンワン」のように音を表現する言葉を擬音語《ぎおんご》、さらには音のないようすの「シーン」や食べ方の「ガツガツ」など状態を示す言葉を擬態語《ぎたいご》と言います。擬音語と擬態語を合わせて「オノマトペ」と言います。オノマトペとはギリシャ語起源のフランス語だそうです。

以前、『日本語オノマトペ辞典』（２００７・小野正弘）に収録される鳥の鳴き声について監修《かんしゅう》をしたことがあります。完成して送られてきた辞典は７７０ページもあり、その厚さに驚《おどろ》いたものです。それだけ、いろいろな音が日本語で表現されていることになります。

※《出典》
小野正弘 2007 日本語オノマトペ辞典 小学館

「ホーホケキョ」と教わったからそう聞こえる

ウグイスの「ホーホケキョ」も擬音語、オノマトペです。日本人なら、いつかどこかでウグイスは「ホーホケキョ」と鳴くと教わっているはずです。そして、野外でウグイスの声を聞いたとき、頭のデータベースのなかからそれを引き出して頭に思いうかべることになります。

私の場合、小学生のときに箱根で母から教わったのが最初でしょう。それ以来、ウグイスの声を聞けば「ホーホケキョ」以外、頭には思いうかばなくなってしまったのだと思います。

私は野鳥の図鑑《ずかん》の制作に関わったことがあります。鳴き声の解説は得意ですが、表記にはとても苦労します。いくらなんでも「ホーホケキョ」という言葉に著作権があるとは思えませんが、それ以外の野鳥の鳴き声をほかの本から丸写しというわけにはいきませんので、ちがう表現をしようと試みます。

しかし、今まで図鑑に書かれていない表記をすると落ち着かないのです。たとえば、たいていスズメは「チュンチュン」、ハシブトガラスは「カア、カア」と書かれています。それをスズメ「シュンシュン」ハシブトガラス「アー、アー」と聞こえないこともありませんが、しっくりいかないのです。いずれにしても、編集者から直しが入ることでしょう。それほど、頭に染みついたオノマトペを変えるのはたいへんなことです。

外国の人には「ホーホケキョ」はどう聞こえる？

外国人が「ホーホケキョ」を聞いたらどのように表現するのでしょうか。ちょっと気になります。

外国人が書いた日本周辺の鳥の図鑑《ずかん》で見てみましょう。『Birds of East Asia』（Mark Brazil・2006）という本に書かれた記述をもとに検証します。Brazil は地名ではなく筆者の名前で、イギリス人の鳥類学者・ブラジルさんです。私はこの本の e-Book 版に３０４種類の野鳥の鳴き声を提供しています。

この本のウグイスの項目には、アルファベットでさえずりが表記されています。

※《出典》
Mark Brazil 2006
Birds of East Asia-China, Taiwan, Korea, Japan, and Russia Helm

pheeuw hou-ke-kyo（フュー　ホウ　ケ　キョ）
hoo-hokekyo（ホー　ホケキョ）
hii-hikekyo（ヒー　ヒケキョ）
の3パターンです。

1番目は「ホーホケキョ」とニュアンスが少し異なります。英語圏の方が聞くと、このようになるのですね。ほかの2つは、基本的には「ホーホケキョ」です。

ブラジルさんは日本での生活とバードウォッチング歴が長い方です。奥さんも日本人ですから、日本語のオノマトペに少なからず影響を受けた表現になっていると思いました。

英語圏の人がウグイスの笹鳴《ささな》き「チャ、チャ」を聞くと？

地鳴《じな》き（笹鳴き）の英語のオノマトペは、鳴き声についての古典的名著『鳥の歌の科学』（川村多実二・1947）にありました。著者の川村さんはこう書いています。

※《出典》
川村多実二　1947
鳥の歌の科学　臼井書房
（1974年に中央公論社より復刻）

「カーチス氏夫妻ごときも、（中略）鶯《うぐいす》の笹鳴き、すなわち、われわれがチャッチャッまたヂャッヂャッと聴《き》くところをPeter, Peter, Peter, と写しており（中略）われわれの聞き方が実際に近い。」カーチス夫妻は、川村さん自身が鳥を教えた、同志社大学教師のアメリカ人バードウォッチャーです。「同氏夫妻は2人以外に何人《なんぴと》とも没交渉《ぼっこうしょう》に聴いていたため、こういうことになったのであろう。英語国民は、どうしてもアルファベットの一つに当てはめて聴こうという傾向《けいこう》をもち、自然にdやtのところへもっていくのではではではないかと思う」とも書いています。

川村さんはやや批判的に書いていますが、これはある意味、だれの影《えい》響《きょう》も受けずピュアな耳で聞くと、ウグイスの笹鳴きが「Peter（ペタ？）」と聞こえるという貴重な報告となります。

鳥声研究の大先輩《だいせんぱい》の川村さんに楯突《たてつ》くことになってしまいますが、英語《えいご》圏《けん》の人がアルファベットに当てはめて聞くように、日本人は50音にもっていって聞いてしまう傾向があります。

日本で生まれ育った以上、日本語のオノマトペの呪縛《じゅばく》から逃《のが》れることはできないのです。

先入観のない、こどもたちが聞いたら?

日本人のなかで日本語のオノマトペに縛《しば》られていない、ピュアな耳の持ち主は、こどもたちです。

録音仲間の鈴木浩克《すずきひろかつ》さんが面白い実験をして、ご自身のブログ「野原から」で記事にしたものを紹介《しょうかい》します。

小学4年生を対象に、鳥の声を聞いてもらいカタカナ表記してもらうというものです。4年生だとウグイスが「ホーホケキョ」と鳴くことはもう頭にすり込《こ》まれているので、ほかの鳥で実験しています。

まず、コゲラ。

キツツキの仲間で、都会でも増えてきた小鳥です。

私のすでに毒された耳では、コゲラの鳴き声は「ギーッ」というオノマトペで聞こえます。小学生がコゲラを知っているとは思えないので、おそらく真っ白な状態での回答だと思います。

※《出典》鈴木浩克さんのブログ「野原から」http://blog.livedoor.jp/gnohara/

こどもたちが聞いたコゲラの声

『ギィーゥ
ギィーゥ』
『チー』
『ルィール』
『チー』
『ビー ビー』
『ビーール
ビーール』
『ビィーーッ！』
『ギュー
ギュー』
『ギーヨ
ギーヨ』
『グウィー』
『ギィー』

なんと多様なことでしょう。

ピュアな耳で聞くと、こんなにもさまざまな音に聞こえていることに驚《おどろ》きます。

次は、コガモ。

子どものカモではなく、コガモというハトくらいの大きさのカモです。

小さいだけに可愛い声で鳴き、私のオノマトペは「ピリ、ピリ」と聞こえます。

こどもたちの耳には、コガモの声はどんなふうに聞こえているでしょうか。

コゲラ

こどもたちが聞いたコガモの声

『チィ チィッ』

『コロロロロ』

『ルァフロォフ』

『ヒウウイ』

『ルルルルー
ルルルッ』

『ピーチ ピーィ』

『ピーリピリピー
リピリ』

『テッテレレ
テレレレ』

『ピピピ
ピロリロ』

『ピポピロピ
ピポピロリ』

『リュル リュル』

同じく、いろいろな音に聞いています。

また、表現の多彩《たさい》さにびっくりです。

ほかにも、こどもたちが聞いたことのない鳥ということでマニアックな鳥の鳴き声を聞かせていますが、同じように多様な回答です。そして、個人個人でちがう聞き方をしていることがわかります。なかには図鑑《ずかん》に書かれているような鳴き声に聞いている子もいることはいますが、わずかです。

今度、ウグイスのさえずりを聞く機会があったときには、こどものようにピュアな耳で聞いてみて「ホーホケキョ」以外の表記の仕方を考えると、脳の活性化をはかることができるかもしれませんね。

コガモ

鳥の声を知ると自然への理解が深まる

ここまでの「声の科学編」を通して、ふだんなにげなく耳にしている鳥の声には種類や意味、役割があることを紹介《しょうかい》しました。また「ホーホケキョ」の聞こえ方を調べるなど、鳴き声に注目することで発見できる事実があることなども、知ってもらえたと思います。

この本ではウグイスのさえずりを中心に取り上げてきましたが、鳥は世界中に約1万種類もいます。その1万種類の鳥にはさまざまな生活があって、鳥ごとに鳴き声もちがいます。そのちがいには、進化の長い歴史、それぞれの鳥の生き様が反映されていると言えるでしょう。

私たちには癒《いや》しを与えてくる鳥の鳴き声ですが、鳥たちにとって鳴くことは生きていくため、子孫を残すための重要な行動です。そう思って鳥の声を聞くと、またちがった印象を持つのではないでしょうか。知識が増えると、自然の仕組みや生き物たちの生活がよくわかって、楽しみがさらに広がると思います。

日本人と鳥 編

万葉《まんよう》から現代まで
人と鳥との関係を科学する

第一章
1000年以上前の日本人とウグイス

ここからは、日本人にとって鳥がどんな存在だったか
ウグイスを例に時代をさかのぼって見ていきます。
まずは、ウグイスの名前や鳴き声の
由来を検証しながら
昔の日本人の自然観にせまります。

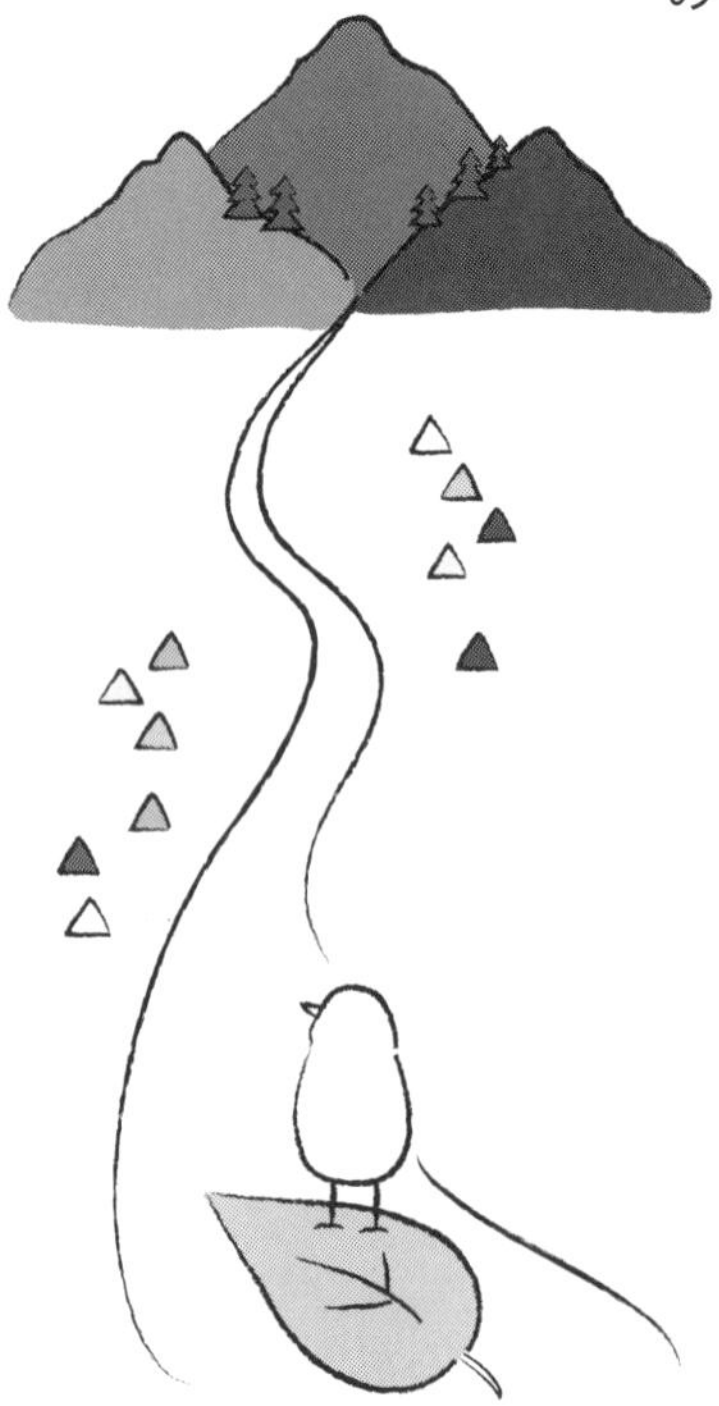

ウグイスはいつ「ウグイス」になった？

ウグイスについての最も古い記述はいつ？

ウグイスという名前の語源について見てみましょう。

日本の歴史のなかで、今から１３００年以上前の西暦《せいれき》７００年代に入ると、急速に文字が普及《ふきゅう》し記録が残るようになります。

それにともなって、ウグイスも書物に登場します。

現存する最古の文字による記録の『古事記《こじき》』（７１２年成立）や『日本《にほん》書紀《しょき》』（７２０年成立）には、神の名前の由来がウグイスにちなむという記述がありますが、ウグイスそのものを扱《あつか》っているものは見つけられません。また、『出雲風土記《いずもふどき》』（７３３年成立）には「ほうきどり」という名前の鳥が出てきて、これは「ホーホケキョ」と鳴くウグイスをさしているという説が有力ですが、はっきりしていません。

はっきりウグイスがウグイスとして書かれているのは『万葉集《まんようしゅう》』（８世

紀末ごろ成立）のなかで「宇具比須《うぐいす》」として登場するのが最初でしょう。

しかし、古来の日本人にもっとも親しまれた鳥は、残念ながらウグイスではありませんでした。ホトトギスです。

たとえば『万葉集《まんようしゅう》』では和歌など約4500件のうち、鳥が題材のものはおよそ600件です（件というのは1首のなかに複数、あるいは和歌以外にも登場するためです）。このうちホトトギスを詠《よ》んだものは156（150という説も）件で第1位です。第2位の雁《がん》が65（67説も）件ですからその差は大きく、いかにホトトギスの人気が高かったかがわかります。

ちなみに、ウグイスは51件で第3位。それなりに健闘《けんとう》していることはまちがいありません（中西悟堂・1964）。

ウグイスの語源は鳴き声に由来する？

鳥の名前の多くは、鳴き声に由来しています。

たとえば、カッコウは「カッコー」、ホトトギスも「ホトトギス」と名前のとおり鳴きます。カラスは鳴き声を「カーラ」と聞いて、そこにウグ

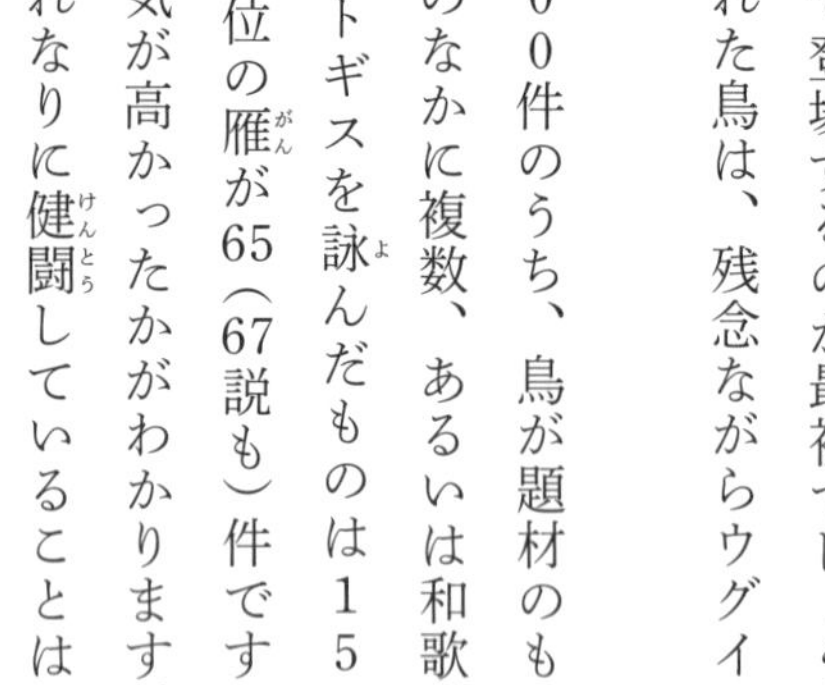

※《出典》中西悟堂 1964 定本・野鳥記 第五巻 人と鳥 春秋社

イス、ホトトギス、カケスと同じように鳥を表す接尾語《せつびご》の「ス」をつけ、カラスとなったという説があります。さらに、サンショウクイという鳥は鳴き声が「ヒリリン、ヒリリン」と聞こえ、山椒《さんしょう》を食べて辛《から》くて「ヒリリン」と言っているため山椒食いとなった、というひとひねりしたネーミングもあります。

このように、特徴的《とくちょうてき》に鳴く鳥は、鳴き声がそのまま名前になっている例が多いのですから、「ホーホケキョ」とさえずりがはっきりしたウグイスのこと、鳴き声が名前の由来に関係している可能性は高いはずです。

平安時代に詠《よ》まれた

「いかなれば　春来るからに　うぐいすの　己が名をば　人に告ぐらん」

という歌があります。『承暦《じょうりゃく》二年内裏歌合《だいりうたあわせ》』に収録されている美作守《みまさかのかみ》匡房《まさふさ》（大江匡房《おおえのまさふさ》）の作です。これは「ウグイスが自分の名前を告げて鳴いている」という意味です。

この歌の意味から、ウグイスの声（今でいう「ホーホケキョ」の声）を当時は「ウウウクヒ」と聞いていて、これに鳥の名前の後ろにつける語「ス」

をつけてウグイスという名前になったという説（山口仲美・1989）があり、数ある語源説のなかでは説得力があります。

「鶯《うぐいす》」という字になったわけ①　黄色いウグイス

ウグイスの異名《いみょう》（別名）のなかに「黄鳥」や「黄鶯」があります。読み方はどちらもおそらく「ウグイス」だと思います。

ウグイスの身体の色は地味な褐色《かっしょく》で、どこを探しても黄色い部分はないのですが、なぜでしょう。その理由を探っていくと「ウグイス」という読みに「鶯」という字が当てられた意味が見えてきます。ちなみに、略字では「鴬」を使うことがあります。

漢字の鶯はもともとの中国ではコウライウグイスという鳥に当てられていました。コウライウグイスは、キュウカンチョウ、カラス類、ムクドリに近い種類です。大きさもムクドリくらい、全長でウグイスの15cmより10cm以上も大きく26cmです。見た目は倍くらいの大きさに見えるはずです。身体の色は全体に黄色で、目を通る黒い線が後頭部でつながり後頭部が

※《出典》
山口仲美　1989　ちんちん千鳥の鳴く声は―日本人が聴いた鳥の声　大修館書店

黒。翼《つばさ》、尾《お》の中央が黒い鳥です。このコウライウグイスの黄色が残って「黄鶯」などの呼び名がついたのだと思います。

コウライウグイスは中国ではふつうに見られる鳥で、姿も鳴き声もきれいなために、飼育されたり絵画などによく登場したりして親しまれています。また、コウライウグイスの仲間は世界中に分布しているのですが、日本ではまれな渡《わた》り鳥です。このような鳥を「迷鳥《めいちょう》」と呼んでいます。

私は、新潟県の粟島《あわしま》で渡り途中《とちゅう》のコウライウグイスの声を録音したことがあります。聞いたことのない声だったのでその日は不明と記録し、帰って聞き返すといかにも外国産の鳥という鳴き方でした。後日、録音仲間に音声を聞いてもらって、コウライウグイスの鳴き声とわかりました。中国沿岸を渡るコウライウグイスが、迷って粟島まで来たのかもしれません。

「鶯」という字になったわけ②　中国文化の影響《えいきょう》

私は戦後生まれなので、知らない間にアメリカナイズされています。パン食が好きですし、見聞きする楽曲も映画もアメリカ物です。アメリカ文

ユウライウグイス

化に毒されているとも言えます。

同じように、平安時代から文化の源は中国で、チュウカナイズされた支配階級の人々が日本の遅《おく》れた文化を少しでも中国に近づけようと努力した時代でした。この文化運動のなかで、多くのものに漢字を当てる活動が行われていました。

万葉集《まんようしゅう》では、ウグイスは一音一音に相当する字を当て「宇久比須《うぐいす》」と表されましたが、漢字がありませんでした。そのなかで、当時の知識人が「声の美しいウグイスには、声も姿も美しい中国にいるコウライウグイスの字を当てよう」と考えたのでしょう。あるいは、中国からやってきた渡来人《とらいじん》が故郷を懐《なつ》かしんでコウライウグイスの漢字をウグイスに当てたのかもしれません。

いずれにしても想像するしかありませんが、漢字の由来をたどることで、中国文化が色濃《いろこ》く生き物にまで浸透《しんとう》していった当時の様子を推し量ることができます。そして「鶯」という漢字から、日本の歴史と文化の流れを想像することができます。

コラム　鳥の人気は、異名《いみょう》の多さでわかる！

鳥の人気をはかる基準の一つに異名（別名）の多さがあります。１００を超《こ》えると言われるホトトギスにはかないませんがウグイスも多いほうです。

１９０７年（明治40年）成立の『古事類苑《こじるいえん》』から、ウグイスの異名を拾ってみます。「春鳥《はるどり》」「鸎《うぐいす》」「黄鳥《こうちょう》」「春鳥子」「鶯《うぐいす》」「鸚」「鸎《うぐいす》」「報春鳥《ほうしゅんちょう》」「ももちどり」「はつ鳥」「花見鳥《はなみどり》」「青鳥」「金衣公子《きんいこうし》」「楚雀」「黄伯労」「搏黍《はくしょ》」などが載《の》っていました。このほかにも、「春告鳥《はるつげどり》」「歌詠鳥《うたよみどり》」「経読鳥《きょうよみどり》」「匂鳥《におどり》」「人来鳥《ひとくどり》」「黄粉鳥《きなこどり》」「禁鳥《とどめどり》」「初音《はつね》」「黄鶯《こうおう》」などが有名です※。

また、「藪鶯《やぶうぐいす》（やぶの中にいるウグイス）」「老鶯《ろうおう》（夏になっても鳴いているウグイス）」「流鶯《りゅうおう》（木々の間を飛び移るウグイス）」など、ウグイスの状況《じょうきょう》によっても名前がつけられています。さらに、前に述べた「谷渡《たにわた》り」「笹鳴《ささな》き」のように、鳴き方にその鳥限定の呼び名がある鳥は、ウグイス以外にはモズの「高鳴き」しか思い当たりません。これだけの呼び方があるのは、ウグイスが日本人にとって身近な鳥で、親しまれていたからにちがいないでしょう。

※漢字の読みが不明なものにはふりがなをつけていません。

『万葉集《まんようしゅう》』に見るウグイス

春が来た喜びとともに歌われたウグイス

『万葉集』は、8世紀末ごろ成立した日本最古の歌集です。4500件以上の和歌などが収録され、天皇・貴族から役人・防人《さきもり》などいろいろな人間が歌を詠《よ》んでいます。このなかに収められたウグイスに関わる歌などを見ると、当時の自然の様子から、人々の鳥への思いまでわかります。

前に述べたように『万葉集』に登場するウグイスはホトトギス、ガンに次ぐ第3位の50件以上です。

万葉歌人たちのウグイスに寄せる思いを探ってみます。

ウグイスの詩歌を眺《なが》めると、さすがに鳴き声にまつわるものがほとんどで、姿を題材として取り上げたものはわずかです。また、万葉の時代もウグイスは身近な鳥だったことがわかります。さらに多くが春の歌で、春が来た喜びとともにその素材としてのウグイスがとりあげられています。

※《参考》
矢部治　1993　万葉の鳥、万葉の歌人　東京経済

万葉歌人はすぐれたバードウォッチャー

では、実際に『万葉集』で歌われたウグイスについて見てみましょう。

「山の際《ま》に　鶯《うぐいす》鳴きて　うち靡《なび》く　春と思へど　雪降りしきぬ」

（山の際でウグイスが鳴いている。春だと思うけれど、雪が降り続けている）

まだ、春早いうちからさえずるウグイス。春の淡雪《あわゆき》といっしょになった風景は和歌のよい題材となります。

「梅が枝《え》に　鳴きて移ろふ　鶯の　羽白妙《しろたえ》に　沫雪《あわゆき》ぞ降る」

（ウメの枝で鳴きながら移動して行くウグイスの羽が白くなるほど春の淡雪が降っている）

ウグイスが鳴きながら枝うつりしていくようすを歌ったものです。羽に雪が着いたのを見たのでしょうか。きっと春の雪の降る日、部屋のなかで

ウグイスの声を聞きながら姿を想像して詠《よ》んだのでしょう。また「ウメにウグイス」の取り合わせはすでに万葉の時代からあったこともわかります。

「梅の花　散らまく惜《お》しみ　我が園の　竹の林に　鶯《うぐいす》鳴くも」

（ウメの花が散ることを惜しんで私の庭園の竹林でウグイスが鳴いている）

この歌ではウグイスをウメの枝で鳴かせず竹林で鳴かせています。これはウグイスの正しい習性です。というのも、ウグイスはウメの枝で鳴くと思われがちですが、実は姿が丸見えになるウメの枝でさえずることはまれで、姿を隠《かく》しやすい竹林の藪《やぶ》の中などで鳴く習性があるからです。

「春されば　木末《こぬれがく》隠りて　鶯ぞ鳴きて　去《い》ぬなる　梅が下枝《しづえ》に」

（春が来て木の枝先に隠れてウグイスが鳴いている。飛び去る姿がウメの下枝に見えた）

この歌では、ウグイスが鳴く場所をウメの木のこずえではなく、下枝と表現しています。これも、身を隠せる場所を好むウグイスの習性に合って

います。このように、万葉の歌人たちはちゃんとバードウォッチングして鳥の生態にそった歌を詠んでいることが、詠まれた内容からわかります。

「ウメにウグイス」はハイカラな取り合わせ？

ところで『万葉集《まんようしゅう》』のウメについて考えるとおもしろいことがわかります。ウメの木、あるいはウメの花は、『万葉集』の初期作品には登場しないのです。『古事記』『日本書紀』にも登場しません。

もともとウメは、中国から持ち込《こ》まれた移入種《いにゅうしゅ》です。日本に入ってきた時代については諸説ありますが、『万葉集』でのウメの取り上げられ方からこの時代に持ち込まれたのではないかと推測できます。ウメは、花や香《かお》りを楽しみ、さらには実も食べられる都合のよい樹木として急速に普及《ふきゅう》したのではないでしょうか。

現代人は、ウメと言えば日本の伝統的な植物というイメージを持っています。しかし、万葉の歌人たちは、私たちにとってのバラやクリスマスローズのようにウメをハイカラな植物・花として見ていたのかもしれません。

そこに、日本に古くからいるウグイスが来て鳴いているという話になると、「ウメにウグイス」を描写《びょうしゃ》した歌の意味も、少しちがってくるかもしれません。

ウグイスとともに歌われた恋心《こいごころ》

春、そしてウグイスとなると恋の歌の題材になります。

「春されば　まず鳴く鳥の　鶯《うぐいす》の　言先たちし　君をし待たむ」
（春が来ると最初に鳴くウグイスのように、最初に話かけてくれる貴方を待ちます）

話しかけてくれたと訳した部分は「手紙をくれた」という解釈もあります。作者不詳《ふしょう》ですが、恋にあこがれる少女の歌なのでしょうか。

どんな異性とめぐり会えるか、期待と不安の青春時代です。人生の春に、春を象徴するウグイスが合います。

いっぽうで、こんな歌もあります。

「鶯の鳴く　くら谷にうちはめて　焼けは死ぬとも　君をし待たむ」

（ウグイスの鳴く暗い谷に身を投げて焼け死ぬようなことになっても貴女を待っています）

深くて暗い谷に身を投げて焼け死ぬとは、穏やかではありませんね。身をこがすような熱烈な恋愛感情であると解釈すればよいのかもしれません。恋いこがれた愛なのか、それとも異常な恋愛《れんあい》感情なのでしょうか。暗い谷間を表現するためにウグイスを引き合いに出しています。それにより谷の深さがわかり、心情が伝わってきます。

木や鳥など自然の風物に思いを託《たく》す日本人の自然観

万葉集《まんようしゅう》では、思いを表現するために自然の景物を取り入れる作品が多くあります。たとえば、ガンが渡《わた》って行くのを見て故郷に残した妻を思い、サクラが散るのを見てものあわれを感じるような表現です。その後の歌集にもこの作風は受け継《つ》がれ、日本人の自然観として培《つちか》われていきます。

ガン

日本で生活していると、身のまわりにある穏《おだ》やかで豊かな温帯の自然が、四季によっていろいろな顔を見せてくれます。自然とは敵対すると言うより恩恵を受けてきた日本人は、自然や生き物に思いを託したり、心情のたとえに使ったりすることが多くなるのでしょう。日本の文化は日本の自然のなかで生まれ、今もなお私たちはそのなかで生きているのです。

ホトトギスがウグイスに托卵《たくらん》する日本最初の記述

さて、ここで万葉集《まんようしゅう》の長歌《ちょうか》を紹介《しょうかい》します。

長歌は、5音と7音の句をくり返して読んだ、短歌より長い歌のことです。高橋虫麻呂《たかはしのむしまろ》が托卵について詠《よ》んだ面白いものがありました。

「鶯《うぐいす》の　卵《かいご》のなかに　霍公鳥《ほととぎす》　独り生れて　己《な》が父に　似ては鳴かず
己が母に　似ては鳴かず　卯《う》の花の　咲《さ》きたる野辺ゆ　飛び翔《かけ》り　来鳴
き響《とよ》もし　橘《たちばな》の　花を居散らし　ひねもすに　鳴けど聞きよし　幣《まい》はせ
む　遠くな行きそ　我が宿の　花橘に　住みわたれ鳥」

訳すと「ウグイスの卵の中にホトトギスが1羽生まれ、(ウグイスの)父や母のようには鳴かないで、ウツギの花が咲いている野原を飛んで(ホトトギスの)鳴き声を響《ひび》かせ、タチバナにとまって花を散らして一日中鳴いているけれど、聞き飽《あ》きることはありません。鳥にお礼をしたいから遠くには行かないで私の家のタチバナに住み着いてください」でしょうか。「ウグイスの卵のなかにホトトギスが生まれた」とは托卵のことを指しています。

大伴家持《おおとものやかもち》の長歌にも托卵にふれたものがあります。

「時ごとに　いやめづらしく　八千種《やちくさ》に　草木花咲き　鳴く鳥の声も変はらふ　耳に聞き　目に見るごとに　うち嘆《なげ》き　萎《しな》えうらぶれ　偲《しの》ひつつ　争ふはしに　木の暗《くれ》の、四月《うづき》し立てば　夜隠《よごも》りに　鳴く霍公鳥　いにしへゆ　語り継《つ》ぎつる　鶯の　現《うつ》し真子《まこ》かも(以下略)」

これも訳してみます。「季節の移ろいとともに、いろいろな草花が花を咲かせ、なんとすばらしいことでしょう。聞こえる鳥の声も変化していきます。耳で聞き目で見るたびに、ため息が出ます。かえって、心がしおれてわびしく思ってしまいます。花が咲きほこって間に一方、4月（新暦《しんれき》の5月）になり夜の闇《やみ》に覆《おお》われた木々のなかでホトトギスが鳴いています。語り継《つ》がれているように、ホトトギスはウグイスの子なのでしょう」

この2つの長歌《ちょうか》から、虫麻呂《むしまろ》さんも家持《やかもち》さんも「ホトトギスがウグイスに托卵《たくらん》する」という知識があったことがわかります。これらが日本で最初の托卵の記述で、ウグイスだけに托卵するホトトギスとの関係がとらえられています。家持さんは托卵について「語り継がれているように」と書いており、万葉《まんよう》の時代以前から知られていたことがわかります。それほど古くから知られた事実だったとは、驚《おどろ》きですね。

私は仕事上いろいろな場で鳥の習性をお話しする機会があります。托卵もトリビアネタなので取り上げますが、知っている人は多くありません。托卵は鳥の研究者を魅了《みりょう》するテーマなのですが、残念ながら一般《いっぱん》教養ではないようです。現代人より万葉人のほうが自然について深い知識を持って

どきどきホトトギス

ちょっと
おじゃま
しますよっと
ぷりっ
にげっ
ん？、
ドキドキ
こんな卵
あったかしら。
なんかちょっと
大きい…？
いえそんな
まさかね、
はじめから
あったわよ。
そんな気が
してきたわ
セーフ。
そうよ
きっと
そうだわ
きのせい
きのせい

いたと言えるでしょう。

千年以上前から続くホトトギスとウグイスの関係

先ほどの長歌《ちょうか》からは、ホトトギスとウグイスの関係が万葉《まんよう》の時代より千年以上も変わらずに続いていることがわかります。

近代科学として鳥類が研究されるようになって百年を超えました。なかには百年以上蓄積《ちくせき》されたデータも出てきました。それによると、托卵《たくらん》される仮親《かりおや》はその危険を学習し、追い払って托卵を防ぐようになることがわかりました。そのため、托卵相手を数十年単位で変えるそうです。

では、ホトトギスとウグイスの関係は、どうして長く続いているのでしょうか。立教《りっきょう》大学名誉《めいよ》教授の上田恵介《うえだけいすけ》さんは講演のなかで「ウグイスは、1シーズンに2回以上繁殖《はんしょく》をする。ホトトギスが渡《わた》って来たころには1回目は終わっている。ホトトギスが托卵するのは2回目のときで、ウグイスへの影響が少ないからではないか」とおっしゃっていました。

つまりウグイスにとって、2回目の繁殖は1回目がうまくいかなかったときの保険であり、それが失敗してもウグイスが減ることはないので、托卵をゆるしてしまうということではないでしょうか。

清少納言《せいしょうなごん》に嫌《きら》われたウグイス

清少納言が好んだ鳥は？

平安時代、清少納言によって書かれた『枕草子《まくらのそうし》』は日本初のエッセイ集で、西暦《せいれき》1000年ごろの作品と言われています。古文の授業で読んだことがあると思いますが、教科書に取り上げられるのはほんの一部です。このなかに鳥やウグイスに関する記述もあるのは知っているでしょうか。

現在に伝わっているのは写本のため諸説ありますが、全部で数百段です。そのなかに鳥について書かれているところがありました。

「鳥は異所《ことどころ》の物なれど、鸚鵡《おうむ》いとあはれなり。人のいふらんことをまねぶらんよ。杜鵑《ほととぎす》。水鶏《くいな》。しぎ。みこ鳥。鶸《ひわ》。火焼《ひたき》。」

(鳥については、外国のものだけどオウムがとてもすばらしい。人の言うことをまねするよ。それからホトトギス、クイナ、シギ、ミヤコドリ、ヒワ、ヒタキも好き)

これはいわば鳥のランクづけで、外国のものだけどオウムが「いとあわれなり」、現代風に言えば「超《ちょう》かわいい!」と言ったところでしょうか。平安時代、すでに生きたオウムが日本に輸入されていることは驚《おどろ》きです。近いところでフィリピン、中国経由でベトナムやインドネシアからでしょうか。当時、すでにオウムが入っているくらいですから、オウムが生息している熱帯地方からさまざまな物資も入ってきたことになります。当時の物流の豊かさを想像させられます。

『枕草子《まくらのそうし》』に出てくるいろいろな鳥

これ以降は、それぞれの鳥への思いをつづっています。

登場するのは「ヤマドリ、ツル類、頭赤き雀《すずめ》。イカルの雄《おす》。巧鳥《たくみどり》」。頭の赤いスズメはニュウナイスズメという山や森にいるスズメの仲間か、ホオジロかもしれません。イカルは見た目でオス・メスがわからないのですが、オスにこだわっています。巧鳥とはミソサザイです。巧みなさえずり、あるいは精巧な巣を作ることから「巧みな鳥」と呼んだのでしょうか。

次いで「サギ類は目つきが嫌《いや》で見苦しい。オシドリはオスとメスの仲がよく、羽の上の霜《しも》を払《はら》い合うなどしていいわ。チドリもいとをかし」と、鳥を評価しています。なかなかポイントをついていて、清少納言が鳥をちゃんと見ていることがわかる文章です。

『枕草子』に出てくるウグイス

さまざまな鳥について述べた後、やっとウグイスが登場します。

「鶯《うぐいす》は文などにもめでたき物につくり、聲《こゑ》よりはじめて、さまかたちもさばかり貴《あて》に美しきほどよりは、九重《ここのへ》の内に鳴かぬぞいとわろき。人のさなんあるといひしを、さしもあらじと思ひしに、十年ばかり侍ひて聞きしに、實《まこと》に更《さら》に音もせざりき。さるは竹も近く、紅梅もいとよく通ひぬべきたよりなりかし。まかでて聞けば、あやしき家の見どころもなき

梅などには、花やかにぞ鳴く。」

現代風に訳すと「ウグイスは、いろいろなところで声はもとより姿形も気品があって美しい鳥だと書かれているけれど、宮中で鳴いてくれないいじわるな鳥。ある人が宮中では鳴かないと言ったけれど、私はそんなことはないと思っていました。しかし、宮中に10年ばかりいましたが、本当にウグイスは鳴くことはありませんでした。竹も近くにあり紅梅もあるのに。宮中から外に出て聞けば、貧しい家の何のとりえもないウメの木などで、にぎやかに鳴いている（なんて「嫌《いや》な鳥！」と続くところでしょう）」。

清少納言《せいしょうなごん》は、ウグイスについて好意的ではありません。

宮中でウグイスの声を聞けなかったわけ

清少納言にとってウグイスが「いとあわれ」でない理由は、声を聞きたいと思っても宮中では鳴かず、貧しい家で鳴いているのが気に入らなかったからでしょう。さりげなく宮中に10年仕えたことを自慢《じまん》しつつ、特権階級のおごりを感じる一文ですが、ウグイスに関しては「それは当然でしょう」と思える内容です。

宮中の庭は整備されてきれいになっていたはずです。つまりウグイスの好む藪《やぶ》がなかったのですから、ウグイスが鳴くはずはありません。それに対し、里山に寄り添《そ》うようにある庶民《しょみん》の家の近くは、藪がしげっている場所が多く、ウグイスがいて、よく鳴き声が聞こえてきたことでしょう。

ウグイスは、いじわるだからわざわざ貧しい家を選んで鳴いていたのではありません。ただ適した環境《かんきょう》がある場所で鳴いていただけ。つまり、平等に鳴いていたことになります。

最初から「ホーホケキョ」ではなかった

ウグイスは霊験《れいげん》あらたかな鳥だった

日本には、「三鳴鳥《さんめいちょう》」と「三霊鳥《さんれいちょう》」がいます。

声のよい鳥の代表と言える三鳴鳥は、コマドリ、オオルリ、そしてウグイスです。

三霊鳥は、「仏法僧《ぶっぽうそう》」と鳴くと思われていたブッポウソウ（実際にそう鳴いていたのはフクロウの仲間のコノハズクですが）、「慈悲心《じひしん》」と鳴くカッコウの仲間のジュウイチ、そして「法華経《ほけきょう》」と鳴くウグイス。これらは、霊験あらたかな鳥として珍重《ちんちょう》されました。ブッポウソウもジュウイチも深山幽谷《しんざんゆうこく》の鳥で、平安の都や江戸《えど》の町でも出会うことのない鳥です。三霊鳥のなかで、ウグイスはもっとも身近な霊鳥と言えます。

ウグイスの声を「法、法華経」と記したのは江戸時代

この「三鳴鳥」と「三霊鳥」の両方に名を連ねているのは、ウグイスだけです。

P143の平安時代の歌のとおりだと、ウグイスの声は「法、法華経」ではなく「ウウウクヒ」と聞こえていたことになります。

では、いつから「法、法華経」と鳴くようになったのでしょう。というより、ウグイスの鳴き方は変わりませんので「人の聞き方がそう変わった

三霊鳥
ウグイス（右）
ブッポウソウ(中)
ジュウイチ（左）

のはいつからでしょう」と書いたほうが正しいですね。
　ウグイスの登場する文献《ぶんけん》をピックアップして年代順に並べてみました。

奈良時代　７３３年『出雲風土記《いずもふどき》』
平安時代前期　９１０年ごろ『古今和歌集《こきんわかしゅう》』
平安時代中期　１０７８年『承暦《じょうりゃく》２年内裏歌合《だいりうたあわせ》』
鎌倉《かまくら》時代　１３１２年『玉葉和歌集《ぎょくようわかしゅう》』
江戸時代　１６４５年『毛吹草《けふきぐさ》』
江戸時代　１８４３年『蜀山《しょくさん》先生　狂歌《きょうか》百人一首』

『出雲風土記』に出てくる「法吉鳥《ほうきちちょう》」という鳥の名は、ウグイスのことと言われています。「ホーホケ」と聞こえることからの命名です。このころはまだ鳴き声を「法、法華経」とは聞いていなかったことがわかります。
そこから次の文献まで少し年代がとびます。「鳴くよウグイス」の語呂《ごろ》合わせでおぼえる平安京ですが、７９４年ごろの資料にウグイスが少ないのは残念です。

『古今和歌集《こきんわかしゅう》』には、ウグイスが「ひとくひとく」「人が来る」と鳴く様子が歌われています。これは、言葉の印象から考えると、谷渡《たにわた》りの声でしょうか。また、『玉葉和歌集《ぎょくようわかしゅう》』に登場するウグイスの声は「ちよの声」という表現です。これは笹鳴《ささな》きと言われていますが、これも「ちよちよちよ……」と連続させれば谷渡りに聞こえます。

江戸《えど》時代に入ると、『蜀山《しょくさん》先生 狂歌《きょうか》百人一首』の蜀山人《しょくさんじん》が、ウグイスをブッポウソウ・ジュウイチと比較《ひかく》して「一声の ほう法華経に しくものはなし」と、ウグイスが三霊鳥のなかでも鳴き声が勝ると詠《よ》んでいます。

ここでやっと「ほう法華経（ホーホケキョ）」が出てきました。

ちなみに蜀山人は大田南畝《おおたなんぽ》と言い、江戸中期の人です。花鳥風月を楽しみ文人墨客《ぶんじんぼっかく》と言われた趣味人《しゅみじん》で、多彩《たさい》な一面を狂歌やエッセイで書き残しています。いわば、江戸の庶民《しょみん》文化の一翼《いちよく》をなした人です。

蜀山人の狂歌に、ジュウイチやブッポウソウといった鳥の名前がすらすら出てきていることに驚《おどろ》きます。現代の人でこの鳥の名前を知っている人はバードウォッチャーくらいでしょう。当時の知識人にとっては、この程度の鳥の名前は一般《いっぱん》教養であったことがわかります。

これらの文献《ぶんけん》を順に見ていくと、ウグイスの鳴き方の表記で「法《ほう》、法華《ほけ》経《きょう》」が確認できるのは、その蜀山人による歌のみ。江戸時代の中〜後期ごろになってからです。

仏教が広まりウグイスが「法、法華経」に

ところで「法華経」は、大乗仏教の経典です。日本には606年（推古《すいこ》14年）、聖徳太子の時代に伝来したと『日本書紀』に書かれています。

ただ、仏教が根付くのは鎌倉《かまくら》時代に入ってから、さらに仏教が文化の中心だった奈良・京都から、地方や庶民の間に浸透《しんとう》していったのは時代が江戸になったころでしょう。

だれもが仏教の経典「法華経」の存在を知るようになったことで、人々がウグイスの鳴き声を「法、法華経」と聞くようになったのは、江戸時代に入ってからになります。

第二章　江戸《えど》時代の日本人とウグイス

声のいいウグイスは江戸でも人気に。
ウグイスの名所が
ガイドブックに載《の》ったり
鳴き声を楽しむ
飼い鳥ブームが生まれたり
ウグイスのさえずりは
江戸文化の一部になりました。

江戸のウグイス

江戸時代から鶯谷はウグイスの名所だった

最近、いつくかの駅で電車の発車サイン音に鳥の鳴き声を流しています。さきがけになったのは、おそらく山手線の鶯谷駅でしょう。私の学生時代の１９７０年代には「ホーホケキョ」と駅で聞こえていました。

鶯谷は、名前の通り江戸時代からウグイスの名所でした。

江戸時代のウグイスの名所は、当時の風流人のためのガイドブックにくわしく書かれています。たとえば『東都歳時記《とうとさいじき》』では「鶯《うぐいす》 立春の一五、六日目頃より、初さえずりで鳴く。神田《かんだ》社地 小石川《こいしかわ》鶯谷 谷中《やなか》鶯谷（三崎《さんさき》の大通りより西のかたへ入る） 根岸《ねぎし》の里」と、こと細かに紹介《しょうかい》されています。

また『江戸名所花暦《えどめいしょはなごよみ》』では上野《うえの》から根岸、鶯谷にかけての地域がウグイスの名所として紹介されているほか、『嬉遊笑覧《きゆうしょうらん》』にも根岸付近が鶯村と呼ばれていたとの記載《きさい》があります。

当時の鶯谷《うぐいすだに》は、山手線の駅で言えばだいたい西日暮里《にしにっぽり》から上野《うえの》の手前あたりまでの間で、山手線の外側のエリアです。現在の台東区《たいとうく》にあたる場所で、今は繁華街《はんかがい》や密集した住宅街になっています。

江戸《えど》時代の鶯谷は、街から離《はな》れた保養地

このあたりは、江戸時代はひなびた田舎です。江戸の街の中心は今の日《に》本橋《ほんばし》から神田《かんだ》にあり、上野の山は花見に行く行楽地でした。さらにその先の鶯谷は、江戸の街から歩いて1時間から2時間。当時の人たちにとっては郊外《こうがい》となります。

谷があり沢《さわ》がありました。「谷中《やなか》」「入谷《いりや》」「鶯谷」など地名として残っています。今では失われてしまいましたが、かつては「鴛鴦沢《おしどりざわ》」や「蛍《ほたる》沢《ざわ》」などの地名もありました。オシドリが繁殖《はんしょく》し、ホタルが飛び交う里山の自然そのものの地名です。

のどかな風景が広がっているところだけに、大きな商店の旦那《だんな》が隠居《いんきょ》し

て住むところとして時代劇や落語などに登場します。

声のいいウグイスを鶯谷《うぐいすだに》へ移住させた

鶯谷のウグイスの声がよいと言われる理由があります。

江戸の行楽のガイドブックとも言える『江戸名所花暦《えどめいしょはなごよみ》』（岡山鳥、長谷川雪旦・1827）には「元禄《げんろく》の頃《ころ》、御門主《ごもんしゅ》より京都のウグイスからよいものを選んで、多くを放させました。関東のウグイスは訛《なまり》があると言われていますが、ここのウグイスは上方《かみがた》の子孫のためなまりがないと言われています」と書かれています（現代語に訳しています）。

江戸時代を代表する画家・尾形光琳《おがたこうりん》の弟、尾形乾山《おがたけんざん》の逸話《いつわ》がこれを裏付けています。乾山もアーティストで、陶芸《とうげい》や絵画を残しています。京都に住み、活動をしていました。乾山は東山《ひがしやま》天皇の第3皇子《こうし》である輪王寺宮公《りんのうじみやこう》寛法親王《かんぽっしんのう》にかわいがられていました。親王が上野の東叡山寛永寺《とうえいざんかんえいじ》のトップを務めるため江戸に下ると、乾山もいっしょに江戸に行き、入谷に移り住みます。『江戸名所花暦』のなかの「御門主《ごもんしゅ》」とは、この親王のことです。

江戸《えど》住まいが落ち着いたころ、親王が「上野《うえの》の森のウグイスは啼《な》き始めるのが遅《おそ》く訛《なま》りがある」となげきます。そして、乾山《けんざん》に命じて、京から声がよくて、早く鳴くウグイスを取り寄せて放したそうです。

この結果、上野寛永寺《かんえいじ》を中心に、根岸《ねぎし》、谷中《やなか》周辺のウグイスは美しい声で鳴くようになり、さらに江戸でも最初に鳴くために「初音《はつね》の里」として名をはせるようになったとのことです。

鶯谷《うぐいすだに》という地名もこの出来事に由来するという説があります。

江戸のウグイスはなまっていた!?

春のある日、広がる里山の風景のなか、輪王寺宮公寛法親王《りんのうじみやこうかんほっしんのう》と乾山の2人が縁側《えんがわ》に座り、お茶を飲みながら京の思い出話に興じていると、ウグイスのさえずりが聞こえて

「江戸のウグイスは、なまりあって品がないなあ」

「京のウグイスのほうが、声がよかったですね」

と、話し合ったのでしょうか。そして

「江戸名所図会」より根岸の里

「それならば、京のウグイスを連れてこよう」

と思いついたウグイス移住作戦だったのではないかと想像しています。

当時の江戸は、京大阪《きょうおおさか》から見れば新興開拓《しんこうかいたく》の地。アメリカの開拓時代、イギリスから見たアメリカ西部みたいなところです。あくまでも文化の中心は天皇のいる京都であり、商業の中心は大阪であったわけです。それだけに、京への思いをウグイスに託《たく》したのかもしれません。

江戸っ子にはおもしろくなかった京のウグイス

放したウグイスの数が一説には3500羽という数字が出てきますが、にわかに信じられません。『江戸名所花暦《えどめいしょはなごよみ》』には「多く」と書かれているので、1羽や2羽ではないことは確かです。少なくとも100羽単位のウグイスを捕獲《ほかく》して放鳥したというのが現実的な数字かもしれません。

江戸川柳《えどせんりゅう》に「山の岸 鶯迄《うぐいすまで》が 京の種」とあります。訳すと「根岸ではウグイスまでが京がもとになっている」と言ったところです。

根岸がある上野周辺は、京の模倣《もほう》があちこちに見られるところです。

不忍池《しのばずのいけ》は琵琶湖《びわこ》、池のなかの弁天島は竹生島《ちくぶしま》を模したもの。「ウグイスまでが」という表現からは「そのうえウグイスも乾山《けんざん》が京から連れてきたウグイスで面白くない」という江戸っ子の心情が伝わってきます。

ウグイス移住作戦のエピソードは元禄《げんろく》時代です。

江戸《えど》開闢《かいびゃく》以来、１００余年。当時の寿命《じゅみょう》からすると、江戸で生まれ育った3代目の江戸っ子が出現する時代です。そのころには江戸っ子たちは江戸のアイデンティティを求め、江戸に誇《ほこ》りを持つようになったのではないかと、この川柳からうかがうことができます。

浮世絵《うきよえ》からウグイスがいたことを検証

浮世絵は当時の世相がわかるメディア

浮世絵は、芸術品です。ゴッホやセザンヌなど、印象派の画家に影響《えいきょう》を与《あた》えた日本がほこるアートです。

しかし当時の浮世絵は単なるアートではなく、今でいうテレビや新聞、あるいはインターネットなどと同じようにメディアの役割も果たしていたと思います。

たとえば、役者絵は映画のポスターであり、歌舞伎《かぶき》役者の不倫《ふりん》をも題材にした写真週刊誌です。春画《しゅんが》は、アダルトビデオの替《か》わりですし、性教育の教科書でもあります。花鳥画は床《とこ》の間に飾《かざ》れば4Kテレビで環境《かんきょう》ビデオを流しているようなものです。

歌川広重《うたがわひろしげ》『江戸名所百景』は江戸の案内書

広重の『江戸名所百景』は、江戸の街から郊外《こうがい》の風景が119枚の絵に描《えが》かれています。当初は、江戸のビジュアル的な案内書を想定した企画《きかく》だったのではないかと思います。ところどころ飲食店などのCMが入っているのは、営業上のうまさを感じます。参勤交代のお侍《さむらい》さんが江戸土産として買い求め、故郷で浮世絵《うきよえ》を見せながら「尾張屋《おわりや》の山鯨《やまくじら》（イノシシ）鍋《なべ》はおいしかった」などと土産話に興じたことでしょう。

戦後の東京の風景をモノクロ写真で見て当時の生活を知ることができるように、極彩色《ごくさいしき》の『江戸《えど》名所百景』1枚1枚から当時の江戸を知ることができます。

江戸の風景と庶民《しょみん》の生活を今に伝える重要な資料です。

ホトトギスが描《えが》かれた「駒形堂《こまがたどう》 吾妻橋《あづまばし》」

『江戸名所百景』にはスズメ、カラス、ツバメ、コサギ、ユリカモメ、カモ類、そしてたぶんカワウと思われる鳥が登場しますが、ウグイスは登場しません。ただ、ウグイスがいたことを推し量ることができます。

以下、一枚の浮世絵《うきよえ》から江戸のウグイスについて考証してみます。

絵は「駒形堂 吾妻橋」です。

隅田川《すみだがわ》の浅草《あさくさ》あたりの風景です。駒形堂があるのは、現在の台東区《たいとうく》雷門《かみなりもん》2丁目。駒形堂から300mほど上流に吾妻橋がかかっています。地下鉄と東武鉄道の浅草駅がそばにあり、対岸にはアサヒビールの大きなビルと金色のオブジェ。右に目をやればスカイツリーがそびえ立っています。

浮世絵では、手前左から駒形堂の屋根の一部、白粉屋《おしろいや》の赤い旗、材木屋が並んでいます。その奥《おく》、左に隅田川にかかる吾妻橋、隅田川には猪牙船《ちょきぶね》や筏《いかだ》がうかんでいます。空は暗く、雨が降り、そのなかをホトトギスが鳴きながら飛んでいるという構図です。

ホトトギスの習性から絵の季節と時間を想像

この絵の時刻がいつか特定するのはかんたんではありません。浮世絵《うきよえ》は版画なので、刷り方によって1枚1枚空の暗さがちがうためです。真っ暗なものもあれば、明るい空もあります。

地平線のあたりは白っぽく、上空は暗いので、夜明け前のイメージも感じられます。ホトトギスは夜明け前によく鳴く鳥です。しらじらと夜が明けて行く時間帯かもしれません。

雨の量も刷りによって異なるため、ほとんど雨脚《あまあし》の見えないものから土砂降りを思わせるものまでいろいろ存在しますが、梅雨の時期であることはまちがいないと思います。

日本にホトトギスが渡《わた》ってくるのは早ければ5月上旬《じょうじゅん》から。梅雨時の6月はホトトギスが繁殖地《はんしょくち》でなわばり宣言をするので、よく鳴き声が聞こえるころです。この絵で描《えが》かれているのは、そうした梅雨時の、夜明け前の時間なのではないでしょうか。

吾妻橋《あづまばし》のある隅田川《すみだがわ》周辺はホトトギスの名所だった

『東都歳時記《とうとさいじき》』には、ホトトギスの名所として「小石川白山《こいしかわはくさん》の辺、高田《たかだ》雑司ヶ谷《ぞうしがや》。四谷《よつや》辺、駿河台《するがだい》、お茶の水、神田《かんだ》社、谷中《やなか》、芝増上寺《しばぞうじょうじ》の杜《もり》、隅田川の辺、根岸《ねぎし》の里、根津《ねづ》の辺」があげられています。そこには、吾妻橋もふくむ「隅田川の辺」が列記されています。

また「ぬしは今 駒形《こまがた》あたり ほととぎす」という吉原《よしわら》の花魁《おいらん》が詠《よ》んだ句が残っています。登場する地名は浮世絵《うきよえ》の題にもある駒形です。いずれにしても、このあたりにホトトギスがいたことはまちがいないようです。

ホトトギスのいるところには必ずウグイスが

カッコウの仲間であるホトトギスは自分で巣を作らず、他の鳥の巣に卵を産みつけて育ててもらう「托卵《たくらん》」という習性があります。なかでもホトトギスはウグイス専門で、ウグイスがいなければホトトギスは子孫を残す

カッコウと似ているけれど
声はちがうホトトギス

ことができないほど、この2種の鳥は密接な関係にあります。ホトトギスのいるところには必ずウグイスがいるのです。

しかし、現在では東京のウグイスは秋から冬の鳥で、夏は山へ移動して子育てをします。梅雨時、つまり夏の東京でウグイスの声を聞くことはまずありません。しかしこの浮世絵《うきよえ》の季節は、先ほどの仮説通りなら、おそらく6月ごろです。江戸《えど》時代6月にホトトギスがいたということは、現在とちがい、当時はウグイスも6月に江戸にいたと考えられます。

江戸の町はウグイスが好む環境《かんきょう》だったか？

「駒形堂《こまがたどう》 吾妻橋《あづまばし》」に描《えが》かれた遠景をみると、隅田川《すみだがわ》の対岸には人家がならび、その奥《おく》にはウグイスが好みそうな森が見えることに気づきます。江戸時代の地図を見ると、松平《まつだいら》、水戸《みと》、黒田《くろだ》、藤堂《とうどう》、内藤《ないとう》といった大名の名前があり、広い敷地《しきち》をしめています。大名屋敷《だいみょうやしき》です。隅田川を越《こ》えたところなので、下屋敷《しもやしき》（別荘《べっそう》）でしょうか。

江戸の街というと長屋が並び、樹木がほとんどないイメージがありませんか？　だとしたらそれは、京都市太秦《きょうとしうずまさ》にある映画のセットです。江戸を舞台《ぶたい》にした映画やドラマ、ＣＭの多くがこのセットで撮影《さつえい》されるので、江戸の街というと、映画やドラマで見た緑のない太秦の町並みを思いうかべてしまうのかもしれません。

しかし、浮世絵の『江戸名所百景』や『江戸名所図会《ずえ》』の挿絵《さしえ》を見ると、江戸の街は緑豊かに描《えが》かれています。

江戸には大名屋敷が１０００あったと言われています。当時は庭作りに精を出し自慢《じまん》の庭を案内する「庭見せ」という趣向《しゅこう》があり、諸大名が庭作りを競ったそうです。それぞれの屋敷には日本庭園がありました。つまり、江戸は庭園都市であったことになります。

浮世絵に描かれた森は、こうした大名屋敷の樹木であると思います。樹木の下には、ササなどの藪《やぶ》があり、ウグイスが生息できる環境が広がっていたでしょう。そこから、江戸には夏もウグイスがいたと考えられます。

たった一枚の絵から想像した江戸のウグイスの生態ですが、納得してもらえたでしょうか。

ウグイスは江戸《えど》の飼い鳥ブームの立役者

かつて野鳥の飼育は一般的《いっぱんてき》だった

私がバードウォッチングを始めた1960年代は、野鳥は食べるもの、または飼うための生き物でした。ですから「趣味《しゅみ》は何ですか」と聞かれて「野鳥観察です（当時はバードウォッチングという言葉はなかった）」と答えると、相手はけげんな顔をして「鳥を見て何が楽しいのですか」と言ったものです。

そのころ繁華街《はんかがい》や商店街のはずれには小鳥屋というものがあって、ウグイスはもとよりさまざまな野鳥が売られていました。野鳥を飼うことは、かつては一般的なことでした。2012年に鳥獣保護法《ちょうじゅうほごほう》が改正され、今では日本の野鳥はすべて飼うことはできなくなりましたが、それでもまだ密猟《みつりょう》や、違法《いほう》飼育は根絶できないでいます。

私は、生き物を飼うのは好きではありません。生き物は生態系の仕組みのなかでそれぞれ歯車の役目を果たしているので、とくに、野生動物を飼うのは反対です。これから、江戸時代のウグイス飼育の話をしますが、けして野鳥を飼うことを礼賛しているわけではないことをお断りをしておきます。

変わった鳴き方をするウグイスが珍重《ちんちょう》された

江戸時代、ウグイスは、変わった鳴き声が珍重されました。『和漢三才図会《わかんさんさいずえ》』や『嬉遊笑覧《きゆうしょうらん》』などいつくかの本に、「三光《さんこう》」と鳴くウグイスを珍重したという記述があります。三光つまり3つの光とは月・日・星のことです。日本には、サンコウチョウという鳥がいて「月日星《つきひほし》、ホイホイホイ」と鳴きます。また、イカルの声も「月日星」と聞こえるタイプのものがあり、地方によってはイカルを三光鳥と呼んでいるところもあります。ウグイスが「月日星」と鳴くとは、いったいどう聞こえたのか聞いてみたものです。

また、「ホケキョ」の部分を「ケチヨケン」と鳴くウグイスを「ヅブロ」、

文字通り「ホー、ホ、ケ、キョ」と鳴くものを「むじ口」、「ホケキョ」の「キョ」の部分を「キーヨ」と鳴くものを「仮名口」など、鳴き方によって名前がつけられていました。近年では次に紹介《しょうかい》する「文字口」と呼ばれる鳴き方をするウグイスがもっとも珍重《ちんちょう》されたと言われています。

文字口と呼ばれるウグイスには、高い声で「ヒヒィー　ホケケコロ」、中ぐらいの声で「ホホー　ホケケコロ」、低い声で「ホホッ、ホッホッホッホケケッ、コーウッ」と鳴くものがあったと言います。前に紹介したH型、L型の鳴き方を、それぞれ複雑な節回しで鳴いたようです。

また、「関西口」あるいは「稲妻《いなづま》口」と呼ばれる鳴き方があり、これは高い声が「ホー　キッキー　キケコ」、低い声が「ホー…ケッキョウ」、谷渡《たにわた》りが「ケ…ケッケケッケケケッケケッ……」というものだったそうです。

これらの声が録音に残っているものはわずかです。カタカナで書かれたものを読み、どんな声だったのか想像するしかありません。

いずれもマニアの世界は変わったものを好みます。

ウグイスも、鳴き声がほかとは変わっているものが珍重され、その子を代々育てて声を受け継《つ》ごうと、繁殖《はんしょく》が試みられていました。

品種改良で変わった声を生み出した

江戸《えど》はガーデニングがブームとなった時代で、植木屋さんたちはアサガオの色変わりを作り出しました。

実はメンデルが遺伝の法則を報告したのは1865年。日本では元治《げんじ》から慶応《けいおう》に年号が移った年で、江戸の末期ごろです。それより前に、少なくとも江戸時代前期にあたる元禄《げんろく》のころにはすでに、江戸の植木屋さんたちは遺伝の法則に従ってアサガオを作っていたことになります。

同じように、変わったさえずりをするウグイスも、こうした法則を理解して作り出されました。もしも論文にして発表していれば「染井《そめい》の法則」とか「根岸《ねぎし》の法則」と言われて、後世に残ったかもしれませんね。

現代人がウグイスとメジロをまちがいがちな理由

ところで「ウグイスが群れでウメの蜜《みつ》を吸いに来た」とエッセイに書か

れていたことがありました。これは、ウメの木にやってきたメジロの誤認でしょう。現代人がウグイスとメジロを誤認しがちなのは「ウグイス色」の思いちがいに原因があるのではないかと思います。

江戸《えど》時代の元禄《げんろく》年間に流行《はや》ったと言われるウグイス色は、地味なやや緑色を帯びた褐色《かっしょく》で、まさに鳥のウグイスそのものの色です。当時、ウグイスは飼い鳥として間近に見る機会があったため、正確なウグイスの色を表現できたのでしょう。

しかし現代では、鮮《あざ》やかな黄緑色がウグイス色と言われるようになってしまいました。どうもこれは、ウグイス餅《もち》やウグイス豆の色なのです。おいしそうで見栄えのよい色に着色されたお菓子《かし》に「ウグイス」と名前がついていることと、この鮮やかな黄緑色がメジロの色と似ていたことが、メジロをウグイスと思い込《こ》む原因になったのでしょうか。

ちなみに、ウグイス餅の起源は古く、江戸時代以前、豊臣秀吉《とよとみひでよし》の逸話《いつわ》まで、さかのぼります。お餅にきな粉をまぶしたものが最初と言われ、当時は緑色ではなく褐色、より本物のウグイスに近い色だったことになります。

トリちがいご注意

ぼくうぐいす
ホケキョで いちやく有名人
想像していた 感じとちがう…
地味…
そんなふうに よく言われる
はなやか メジロペア
お花すき♡
ぼくも♡
そう… 世間では ぼくは
メジロと 思われて いる。
ぴ〜♪
ぴろ
お花〜
トリまちがえ ないでね…
ぼくは 花より やぶさ…

江戸《えど》時代と現在のウグイスを比較《ひかく》する

江戸時代の六義園《りくぎえん》

私のバードウォッチングのホームグラウンドは、六義園です。

六義園は「りくぎえん」と読みます。東京都が管理している公園です。JR山手線、地下鉄南北線の駒込《こまごめ》駅から正門の入口まで徒歩7、8分です。

六義園は1700年ごろ、徳川5代将軍・徳川綱吉《とくがわつなよし》の側用人《そばようにん》・柳沢吉保《やなぎさわよしやす》の下屋敷《しもやしき》として元禄《げんろく》時代に造園されました。下屋敷は今でいう別荘《べっそう》です。

この柳沢吉保の孫に柳沢信鴻《やなぎさわのぶとき》がいます。信鴻さんはとてもマメな人物で、49歳で六義園に移り住んでから亡くなるまでの約20年間、毎日のように日記をつけていました。その膨大《ぼうだい》な日記を読み解くと、当時の江戸の天候から人々の生活まで細かに知ることができます。六義園の鳥についての記録もあります。彼《かれ》が残した『宴遊《えんゆう》日記』（芸能史研究会・1977）に登場する鳥を見ると、江戸時代と現代の野鳥のようすを比較できます。

六義園《りくぎえん》の名前は、和歌の神様といえる紀《きの》貫之《つらゆき》が提唱した和歌の神髄、六義が由来です。その和歌の奥義《おうぎ》と紀州《きしゅう》の和歌浦の風景を模した庭作りがされたと言われています。当時は、まだ上方指向《かみがたしこう》が強く、江戸《えど》生まれの柳沢吉保《やなぎさわよしやす》としては、あこがれの地・紀州を再現したことになります。

※《出典》
芸能史研究会・編
1977 日本庶民文化史料集成 第13巻 芸能記録（2） 三一書房

『宴遊日記』に登場する、江戸時代の鳥

まず『宴遊日記』に登場する鳥はアカショウビン、ウグイス、ウズラ、オナガ、オオヨシキリ、オシドリ、カイツブリ、カッコウ、カモ類、カモメ類、カラス類、ガン類、キジ、コウノトリ、コガモ、シラサギ類、セキレイ類、タカ類、タンチョウ、ツバメ、ツル類、トキ、トビ、ナベヅル、ホオジロ、バン、ヒワ類、ホトトギス、ムクドリ、ムシクイ類、メジロ、モズです（小野佐和子・２０００）。小野《おの》さんのリストを元に、加筆しています。種類を特定できないカモやガンなどは「類」をつけました。このほか不明の鳥が屋敷《やしき》に迷い込《こ》んだりしています。

日記にはいきなりアカショウビンが登場します。今では東北地方などの山奥《やまおく》に行かなくては会えないアカショウビンがいたとは、びっくりです。安永《あんえい》2年5月23日（１７７３年7月12日）、信鴻さんがまだ六義園に引っ越して間もないころの記録です。

「老鶯《ろうおうな》啼き俗《ぞく》にいえる雨こい鳥かっこうひぐらし声絶えず」と書かれて

※《出典》
小野佐和子　２０００
六義園に見る江戸の大名庭園の動物　ランドスケープ研究　64巻 5号
４１３－４１８　公益社団法人 日本造園学会

います。

この「雨こい鳥」とはアカショウビンのことです。「老鶯《ろうおう》」とは、夏に鳴くウグイスのこと。「声絶えず」はアカショウビン、カッコウ、ヒグラシにかかっていると判断していいでしょう。日付からすると梅雨時に鳴いていることになります。これはアカショウビンの習性と一致《いっち》するので、六義園《りくぎえん》にアカショウビンがいたというこの記録に矛盾《むじゅん》は感じられません。

六義園のホトトギスの記録

江戸《えど》時代の鳥の記録で多いのは、やはりホトトギスです。『万葉集《まんようしゅう》』でも一番人気ですから、和歌にちなんで設計された六義園でも日記に当然書かれています。初音を聞いたと、ほぼ毎年記録があります。

しかし現在の六義園では、ホトトギスは2、3年に1回、5～6月に通過して行くだけです。ほとんどは山へ向かう渡《わた》り途中《とちゅう》に立ち寄っただけで、1日でいなくなります。

信鴻《のぶとき》さんのホトトギスの記録で、もっとも時期が早いものは1774年

アカショウビン

5月16日（安永4年4月17日）の「暮に西藪《にしやぶ》にて子規《ほととぎす》七八声遠くに聞ゆ」です。「子規」というのはホトトギスのことです。ホトトギスは、ほかの夏鳥に比べて遅《おそ》めの5月中旬に渡って来ます。現在の六義園の記録は少ししかありませんが、それと比較《ひかく》しても変わりません。

このほか、6月や7月の鳴き声の記録もあって、8月には記録されなくなります。遅い時期の記録では、1775年8月11日（安永4年7月16日）の「暁杜宇啼《あかつきほととぎすなく》」で「夜明け前に杜宇《ほととぎす》が鳴いた」と書かれたものがあります。現在の日光《にっこう》あたりでホトトギスが鳴きやむ時期と一致《いっち》します。

このように信鴻さんの日記からは、江戸近郊《きんこう》ではホトトギスは山に移動せず、一夏いたことがわかります。ということは前述のように托卵《たくらん》相手であるウグイスも、江戸郊外では留鳥《りゅうちょう》として夏の間も生息していた証拠《しょうこ》になります。

江戸のウグイスの鳴き始めは遅《おそ》かった

信鴻さんの日記では、ウグイスの記録はホトトギスと比べると多くありません。さえずりの記録は、次の6件です。

安永《あんえい》3年1月20日（1774年3月2日）
暁《あかつき》ことにうぐいすの窓もかき竹に初音を作るを

安永3年2月9日（1774年3月20日）
いつも夜明けにウグイスが鳴き、毎日鳴き声が移動していく

安永6年2月19日（1777年3月28日）
今朝、ウグイスが園内の木に来て鳴いた

安永6年2月20日（1777年3月29日）
ウグイスが庭中で鳴き、声がやまなかった

安永7年2月10日（1778年3月8日）
このころ、藪《やぶ》の中でウグイスが鳴いていた

天明3年2月26日（1783年3月28日）
庭の前でしきりにウグイスが鳴き春色に満ちていた

これ以外に、安永8年1月19日（1779年3月6日）に「今日西門より月桂寺《げっけいじ》迄《まで》所々初音聞」があります。月桂寺は信鴻《のぶとき》さんの父・吉里《よしさと》のお墓のある寺で、現在の東京都新宿区《しんじゅくく》河田町《かわだちょう》にあります。この初音をウグイスの声とすると、六義園《りくぎえん》で聞いたものではありませんが早めの記録となります。

ここでP75に載《の》せた現在の六義園の記録をもう一度見てみましょう。私が記録した初鳴きのデータは16年間分ありますが、だいたい3月上《じょう》旬《じゅん》にさえずり始めています。江戸時代の信鴻さんの記録では3月下旬が多かったので、現在と比べると1旬から半月ほど遅《おそ》かったと言えるでしょう。その差は、なぜ生まれたのでしょうか？

江戸《えど》時代は小氷河時代だった

このころの江戸は、とても寒かったという記録が残っています。ただ、当時は温度計が普及《ふきゅう》していませんので、日記などに書かれたエピソードから推定するしかありません。

江戸《えど》時代の記録、たとえば斎藤月岑《さいとうげっしん》が残した『武江年表《ぶこうねんぴょう》』を見ると、安永《あんえい》2年（1773年）は「冬は厳寒で、川々の氷は厚く、通う船は自由に動けず、そのため諸物価が高騰《こうとう》した。（中略）隅田川《すみだがわ》も氷りつき、船が通うことができない日もあった」と書かれています。当時の江戸は、市中に張り巡《めぐ》らされた水路を行き来する船によって物流が支えられていました。そのため川が凍《こお》ってしまうと、宅配便のトラックが雪で動けないのと同じように生活に支障が生じたのです。

同じく翌年の安永《あんえい》3年（1774年）の記述には「この冬は寒気が強かった。隅田川が凍って、午前10時まで溶《と》けないので船が行き来できなかった。駿河《するが》（今の静岡県、駿府城《すんぷじょう》のことでしょう）は暖かい地方なので氷を6、70年見たことがないというのに、城の堀《ほり》が氷で覆《おお》われてしまった」と書かれています（斎藤月岑・1850、1882）。

江戸時代中期は、地球全体が小氷河時代に入った時期だという説があります。欧米《おうべい》では氷河の拡大、テムズ川の凍結《とうけつ》、ニューヨーク湾《わん》の結氷から、ブドウの生産量の減少、凶作《きょうさく》、そして飢饉《ききん》まで、多方面から当時のよ

※《出典》
斎藤月岑 1850、1882 武江年表（金子光晴・校訂 1968 増訂武江年表1、2 平凡社東洋文庫より）

うすが推し量られています。それによると、平均気温が今よりも1～2度低かったと言われています。

江戸と現在の気温差がウグイスにも影響《えいきょう》?

ウグイスは鳥類で、恒温《こうおん》動物です。恒温動物は外の気温にかかわらず一定の体温を保てるので、温度の変化の影響よりも、日照（日が延びたり太陽の角度が高くなったりすることによる刺激《しげき》）のほうが、さえずり始めるタイミングに影響すると言われています。

つまり気温差の影響は小さいはずなのですが、そのウグイスの初鳴きでさえ、今とは半月の差がありました。それだけ、小氷河時代の江戸と地球温暖化の現在ではウグイスにとっては温度差が大きく、初鳴きにも影響を与《あた》えていたことになります。

第三章

近年の人の暮らしと鳥の言い伝え

ウグイスの初鳴きは、
単に春を知らせるだけでなく、
農作業のタイミングをはかる
ものさしにもなっていました。
ほかにも、ウグイスにまつわる
興味深い言い伝えを
いくつかご紹介《しょうかい》します。

人の暮らしと鳥の言い伝え

昔は生き物の動きで農作業のタイミングを計った

昔から「ツバメが低く飛ぶと雨が降る」という言い伝えがあります。ツバメは、空中に飛んでいるカのような虫を飛びながら捕《と》らえて食べています。天気がいいと上昇気流《じょうしょうきりゅう》が起きて、虫は空中の高いところに吹《ふ》き上げられます。そのため、ツバメは高い所を飛んで虫を捕らえます。しかし湿度《しつど》が高くなると虫が吹き上げられにくくなり、その結果ツバメは低いところを飛ぶことになるのです。

「虫が低く飛ぶと雨が降る」としてもいいのですが、虫は小さくて見えにくいので、ツバメを目安にしたと言えるでしょう。

このほか「カッコウが鳴くと種をまかにゃならぬ」など、昔の人は農作物のタネをまくタイミングを生き物たちの動きで判断していました。このように生き物、あるいは雲の動きなどから天気や農耕のタイミングを計る

虫をとるツバメ

ことを「観天望気《かんてんぼうき》」と言います。

今のように気象庁があって大勢の気象予報士が天気を予報してくれる時代ではありませんでした。人々は雲や風、そして生き物たちの動きを見て、天気予報をし、農耕のタイミングを計っていたことになります。

「ツバメが低く飛ぶと雨が降る」は科学的に説明がつきますし「カッコウが鳴くと種をまかにゃならぬ」も地方によってはいいタイミングになると思います。ただ、なかには「ヌエ（トラツグミ）が鳴くと人が死ぬ」や「カラスが鳴くと人が死ぬ」など科学的にあやしい言い伝えもありますが、このようにさまざまな言い伝えがあるということは、鳥の行動と人の暮らしがそれだけ密接に結びついていたと言えるかもしれません。

山形北部ではウグイスの初鳴きを目安に種まきをした

ウグイスの言い伝えにはどんなものがあるでしょうか。

研究者の川口孫治郎《かわぐちまごじろう》さんが記録した各地の言い伝えをまとめた『自然《しぜん》暦《ごよみ》』から紹介《しょうかい》します（川口孫治郎・1943）。戦前の野鳥の研究は、生態か

※《出典》
川口孫治郎　1943
自然暦　日新書院　（八坂書房より1972年、2013年に復刻されています）

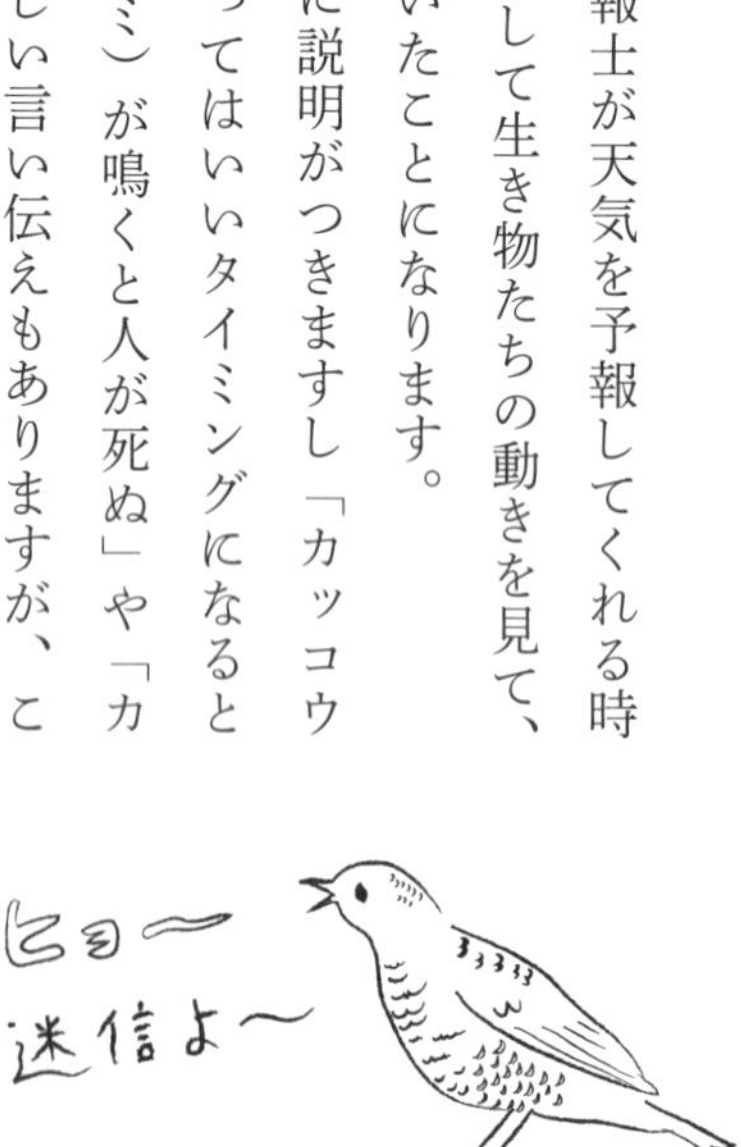

トラツグミ

ら民俗的《みんぞくてき》なことがらまで幅広《はばひろ》く行われていました。民俗的なことがらとは、ことわざ、伝説、民話、方言などを収集して、人と自然、人と鳥がどのような関係であったかなどを調べる学問です。

『自然暦』には「ウグイスの声を聞いて苗代《なわしろ》に種を蒔《ま》く」という、山形県最上郡東小国村堺田《もがみぐんひがしおぐにむらさかいだ》付近の言い伝えがありました。

小国村は山形県の北部の内陸に位置し、現在は最上郡最上町に統合されています。「声を聞いて」は、「初さえずりを聞いて」という意味です。北国、それも内陸ですから、関東地方より1ヶ月くらいさえずり始めるのが遅《おそ》いようで、ウグイスが鳴き始めるのは4月中下旬《ちゅうげじゅん》くらいでしょう。関東では早い田植えが始まっていますので、山形であればそのころに早苗《さなえ》を作るのはよいタイミングかもしれません。

今は、台風の来る9月に収穫《しゅうかく》時期をむかえないよう早く田植えする、あるいは会社勤めの人も多いので連休に合わせて田植えをするという農家も多くなりました。ウグイスの初鳴きに合わせて種をまき苗を育てることは、もうなくなったでしょう。

かつて初鳴きで占《うらな》う「ウグイス占い」があった

『自然暦《しぜんごよみ》』にはウグイスの言い伝えがこれ1件しか載《の》っていなかったので、『日本俗信辞典《にほんぞくしんじてん》』を参照してみました（鈴木棠三・１９８２）。

観天望気《かんてんぼうき》やことわざ、言い伝えなどを俗信と言います。なかにはあきらかな迷信もありますが、俗信は先人が経験から生み出した教え、短文のツイッターのようなものです。それを集めた辞典です。

このなかのウグイスの項《こう》には、言い伝えがいくつも収録されていました。当然、鳴き声についてのものです。初鳴きに関わるものを紹介《しょうかい》します。

かつて、ウグイスの初鳴きで運勢を占う風習があったようです。いわば、「ウグイス占い」です。

これを読むと、宮城県では「初鳴きを右の耳で聞くとその年は儲《もう》かり、左の耳で聞くと出費が多い」とされています。長野県でも「右は縁起がよく、左が悪い」。ただ、新潟県などではこれが逆になっていたり、福島県では男女でちがっていたりします。

※《出典》
鈴木 棠三 １９８２ 日本俗信辞典 動・植物編 角川書店

私自身、ウグイスの声を右の耳で聞いているか、左の耳で聞いているか意識したことはありません。両耳からステレオで同時に入ってきた場合は、どうなるのでしょう？

ウグイスにまつわる恐《おそ》ろしい言い伝え

ウグイスの恐ろしい言い伝え

『日本俗信辞典』には恐ろしい言い伝えも載《の》っています。

三重県には「正月元旦《しょうがつがんたん》に便所でウグイスを聞くと死ぬ」という言い伝えがありました。現代の新暦《しんれき》の正月で考えると、まだウグイスが鳴き始めるタイミングではないので死ぬ心配はありません。同じような言い伝えで「ホトトギスの声を便所で聞くと病気になる」などが各地にあります。

昔の人は、その年初めて食べるもの、聞くものなど〝初物《はつもの》〟を縁起のよいものと尊びました。季節が移り変わり、その恩恵《おんけい》を感謝する気持ちからです。ですから、鳥の初鳴きも神聖なものと考え、不浄《ふじょう》なトイレで聞いてはいけなかったのでしょう。四季の変化のはっきりした日本の自然からの恵《めぐ》みを受けての生活であったからこその価値観です。

そのほか、ウグイスが早く鳴くと凶作《きょうさく》、あるいは逆に豊作という言い伝えが各地にあります。

右の耳か左の耳かもそうですが、矛盾《むじゅん》した言い伝えがあるということは、占《うらな》いはあまり当てにならないということになってしまいます。

また、秋田には「ウグイスを捕《と》らえると、その家の人がその年のうちに死ぬ。イネも不作になる」という怖《こわ》い言い伝えがあります。これはウグイスを捕《つか》まえてはいけないという戒《いまし》めです。ウグイスは虫を食べる益鳥だから捕ってはいけないという野鳥保護の持ち主がいて、言い伝えを広めたのかもしれません。

こうした占いがあるのは、日々の生活を無事に過ごしたいと思う気持ちの表れでもあります。ある意味、身近なウグイスの鳴き声だからこそ、平穏《へいおん》な暮らしを託《たく》したことにもなります。

なぜ恐《おそ》ろしい言い伝えが生まれたのか

江戸《えど》時代までさかのぼって考えてみます。

当時は今とちがい、怨霊《おんりょう》と呪詛《じゅそ》の世界に満ちていました。まだ細菌《さいきん》とかウイルスの存在を知らない時代です。病気になるのは呪《のろ》われた結果であり、呪いをかけるのはキツネやタヌキ、あるいはご先祖様のたたりだと言われても、信じてしまう時代でした。

呪いやたたりを避《さ》けるために、神仏に祈《いの》り縁起《えんぎ》をかつぐということが日常的に行われていました。忌《い》みを避ける方法をあらゆる場面で行うので、その方法を知っている人こそ、教養人として尊敬を受けました。横町のご隠居《いんきょ》やお寺の和尚《おしょう》さんの知識は、こうした言い伝えに基づくものでした。

身近で鳴き声の目立つウグイスは、言い伝えの題材になりやすい事象です。それだけに、特殊《とくしゅ》な知識ではなく一般《いっぱん》教養として広く知られていたと思います。それが医学の発展とともに必要とされなくなり、次第に忘れられていったのでしょう。

昔からある「呪《のろ》い」は現代にも根を張っている

私がこどものころは「3人で写真を撮《と》ると真ん中の人が死ぬ」なんていう、今考えると恐《おそ》ろしいことを信じていました。そのため仲良し3人組では写真を撮ることができませんでした。

「カラスが鳴くと人が死ぬ」をまともに信じている人はいないと思いますが、縁起《えんぎ》が悪い鳥という印象を持つ人はたくさんいます。私がかつてカラス問題に取り組んだとき、大きな障害になったのは「縁起の悪い鳥だから殺してもよい」という無意識の意識がはびこっていることでした。「カラスの死体はない」という俗信《ぞくしん》を本当に信じている人もいました。そのためカラスは死なない→カラスを減らすには殺すしかないと考えられてしまい、「殺して駆除《くじょ》すべき」という対策に結びつき、ゴミ対策などカラスの食べ物を減らすという根本的な対策を怠《おこた》る結果になってしまいました。

私たち現代人も、いまだ、こうした呪縛《じゅばく》から完全には解放されていないと言えます。

俗信と科学のはざまで

言い伝えを科学的でないと頭から否定するのは、はばかられます。身近なものからいろいろな情報を読み取って日々の生活を安全に暮らしたいという、昔の人の思いが込《こ》められたツイートでもあるからです。なかには恐《きょう》怖感《ふかん》をおぼえるものがありますが、これは自然や生き物には人知を超《こ》えた力があり、その力への畏敬《いけい》の念から生まれたものだと思います。

言い伝えを確認するためにまわりの自然に目を向けていた昔の人は、四季の移り変わりや生き物たちの生活ぶりをよく知っていたことでしょう。豊かな自然であればあるほど、たくさんの情報を得られたと思います。

俗信の一つ一つを読み解くと、日本人の自然への眼差し、ひいては自然観を知ることができると思います。と同時に、現代のように自然から遠ざかっていくと、こうした感性も失われてしまうのではと危惧《きぐ》します。

ウグイスのやさしいさえずりを聞きながら、日本の自然の豊かさと、そこに思いを込めた日本人の自然観にも考えをめぐらせてみてください。

番外編① ウグイスの現状

ここからは、ウグイスのことをより知ってもらうために、声の話から少し離《はな》れて日本のウグイスの現状をお伝えします。

日本のウグイスの数の変化

ここからは、日本のウグイスの現状について紹介《しょうかい》します。

日本中にウグイスが何羽いるのか、1羽1羽数えることは不可能です。だからウグイスが増えたのか減ったのか、増減を正確に判断するのも簡単ではありません。ただ、環境省《かんきょうしょう》では「日本野鳥の会」に委託《いたく》して、全国で繁殖《はんしょく》している鳥の分布を調べたことがあります（環境省自然環境局生物多様性センター・2004）。また「日本野鳥の会」や「バードリサーチ」という団体などでも、2016〜2020年に全国で繁殖している鳥の分布を調べています。

これらを比較《ひかく》してウグイスの増減を推測してみました。

※〈出典〉
環境省自然環境局生物多様性センター　2004
第6回自然環境保全基礎調査　鳥類繁殖分布調査報告書　環境省

表の、およそ20年間の変化では、確実に繁殖したという報告は減っているものの、「繁殖の可能性がある」という数までふくめると全体的にはウグイスの目撃数《もくげきすう》が増えているという微妙《びみょう》な結果となっています。

〈全国鳥類繁殖分布調査《ぜんこくちょうるいはんしょくぶんぶちょうさ》〉よりウグイスについて

ランク ＼ 年	1974～1978年	1997年～2002年
A	187	101
B	841	1006
C	34	48
合計	1062	1155

★繁殖調査は、1回目1974～1978年と2回目1997年～2002年の調査結果が発表されています。これは全国を10kmのメッシュ（一辺が10kmの正方形）に区切り、そのなかの繁殖のようすを調査したものです。

Aランクは「繁殖を確認した」
Bランクは「繁殖は確認できなかったが、繁殖の可能性がある」
Cランクは「生息を確認したが、繁殖の可能性は何ともいえない」
などとなっています。

繁殖《はんしょく》が確実に行われているAランクは巣やヒナ、幼鳥を発見したことを示しています。ただ、ウグイスは藪《やぶ》のなかにいるので確認が難しいため、BランクやCランクが多くなるのも仕方ありません。こうしたウグイスの習性を考えに入れると、１９７０年代から２０００年代にかけては増加傾向、あるいはほとんど変わらないと言えると思います。

最新の全国の繁殖調査は、まだ調査中です。２０１８年になって途中《とちゅう》経過が報告されるようになりました。そのなかで、東京のウグイスについての記述もあったので引用しておきます。

たとえば「東京都のウグイスは、１９９０年代はほぼ山地の樹林が連続している場所だけだったものが、現在は市街地の小規模な緑地にも広がっている傾向がある」そうです（植田睦之、佐藤望・２０１８）。

原因は、空き家問題ではないでしょうか。空き家が増えたせいで藪ぼうぼうの庭が多くなったことや放置された空き地が草地になっていることからではないかと推測しています。この現象が東京など都会周辺の特有なものなのか、それとも全国的なものかどうか、今後の調査結果が待たれます。

※《出典》
植田睦之、佐藤望
２０１８　ウグイスの分布拡大とホトトギス　全国鳥類繁殖分布調査ニュースレター No.13　5p

日光《にっこう》では、藪がなくなりウグイスが減った

ウグイスの繁殖地の栃木県日光では、数を記録するような調査がないのでウグイスの増減を数字で表すことができません。ただ、私が日光に通い始めた1991年（野鳥録音を始めたのは1995年）から30年近く経った今、ウグイスの減少を実感しています。

30年前はウグイスがいたのに、ウグイスの鳴き声が聞こえなくなったところがあちこちにあるのです。同時に、コルリやヤブサメといった藪を好む野鳥もいなくなりました。要するに藪がなくなってしまったのです。

別荘地《べっそうち》が途絶《とだ》えて山に入るあたりの雑木林はお気に入りの場所でした。初めは、夜行性のはずのニホンジカ（以下、シカ）が、昼間に現れて驚《おどろ》いたり、写真に撮《と》れて喜んだりしていました。しかし、だんだんシカが増え、藪はシカに食べられ丸坊主《まるぼうず》に。ウグイスなどはいなくなりました。

もし、日光に行く機会があったら、いろは坂を登るときに周辺の森を見てください。藪《やぶ》のない見通しのきく森になっています。中禅寺湖《ちゅうぜんじこ》の南岸の

惨状《さんじょう》はさらにひどいものです。地面に植物はほとんどなくなり、シカが首をのばして届く高さは樹木の葉もなくなっています。

これは、ひとえにシカが増えたことによります。シカは草食性です。まず、地面に生えているササなどの植物を食べます。食べつくすと今度は、首が届く限りの樹木の葉を食べています。こうして、地面から人の背たけほどまでの緑がなくなってしまいます。

ウグイスをはじめ、こうしたところで生活している野鳥や昆虫《こんちゅう》はすみかを丸ごと失い、いなくなってしまいました。

日光《にっこう》でシカが増えた原因

日光の場合、隣接《りんせつ》する足尾《あしお》地区で大規模な植林が行われてシカの食べ物が豊富になり、まず増えました。公園のハトにえさをまくように、植林でシカにえさをばらまいたことになります。そのシカが中禅寺湖《ちゅうぜんじこ》の南から侵《しん》入《にゅう》し、いろは坂を降りて来た感じです。これとは別に、日光連山の高いところにいたシカが里に下りてきたこともあります。かつてはハンターに追

シカの食害

いやられ雪のために数を減らしていた山のシカが、ハンターが減り、雪が少なくなったために数を増やし、あふれて里に下りてきたのでしょう。シカ軍団が北と西から日光をはさみ撃《う》ちし、日光の植生が十字砲火《じゅうじほうか》を浴びているようです。その余波をウグイスなどが被《こうむ》っていることになります。

温暖化やハンターの高齢化《こうれいか》でもシカが増えている

ここ数十年は、地球温暖化の影響《えいきょう》で山に降る雪が少なくなり冬を生き延びるシカが増えています。また、最大の天敵のハンターが高齢化して猟《りょう》ができる人が減ったこともシカが増えた一因です。鹿狩《しかが》りは、数人のチームで行います。勢子《せこ》役が追い立てて、待ち構えていたハンターが撃つという猟です。もし、1頭100kg近いシカを谷間に追い込《こ》んで殺したら、1人で持ち上げることはできません。これもチームではないとできない作業です。人数を確保することが、鹿狩りの課題のひとつです。

さらには、福島の原発事故以降、放射能汚染《ほうしゃのうおせん》※でシカ肉が食べられなくなったことも鹿狩《しかが》りをする人が減っている一因です。

※放射性物質の影響を考慮し、シカ肉は栃木県全域で出荷制限中(2019年現在)です。

ウグイスから知る環境《かんきょう》の変化

今、ウグイスのさえずりが聞こえるところでも、藪《やぶ》が減ると鳴き声を聞くことができなくなるかもしれません。あるいは、家の周辺に空き家が増えて、草ぼうぼうのところが多くなり、今まで聞くことのなかったウグイスの鳴き声を聞くようになるかもしれません。

ウグイスの大好きな環境である藪が減ればウグイスが減り、藪が増えればウグイスが増えます。

これは、単に「藪という環境の一つがなくなって、ウグイスだけがいなくなる」ということではありません。住んでいる昆虫《こんちゅう》から微生物《びせいぶつ》まで、多くの生き物たちが影響《えいきょう》を受けることになります。藪という自然の多様性の一つが失われるということです。

ウグイスの鳴き声を気にしていれば、その様子から、いろいろな自然の変化に気がつくようになると思います。

鳥の声からわかることは、実にたくさんあるのです。

番外編② ウグイスに会いに行こう！
バードウォッチング＆野鳥録音のススメ

鳥に会うには、まず習性を知ろう

関西のバードウォッチング仲間から「上京するので、オナガを見たい。どこに行ったら良いか？」と聞かれることがあります。

オナガは西日本にはいないため、東京出張のついでに見たことのないオナガを見ておこうという魂胆《こんたん》です。なかには、バードウォッチングがメインで出張がついでの方もいます。バードウォッチャーにも『釣《つ》りバカ日誌』のハマちゃんやスーさんみたいな人がたくさんいるのです。

しかし、オナガはあちこちにいるけれど、いざ「見よう」と思うと確実に出会える場所がわからない鳥です。いつもいるはずの場所に行っても、鳥は翼《つばさ》のある生きものですからフラれることがあります。その点ウグイスは、習性を理解してねらって行けばかなりの確率で会うことができます。

ウグイスに会いに行く

ポイントは季節と環境《かんきょう》です。

関東地方なら4月から10月は山地、11月から3月は平地にいます。山地というと漠然《ばくぜん》としていますが、たとえば日光《にっこう》や軽井沢《かるいざわ》の避暑地《ひしょち》、高尾山《たかおさん》や御岳山《みたけさん》のハイキングコース、多摩丘陵《たまきゅうりょう》や狭山《さやま》丘陵の散歩コースなどです。

平地とは、海辺から都会の緑地。海辺の緑地は、たとえば東京近郊《きんこう》なら、東京港野鳥公園や葛西《かさい》臨海公園などの野鳥のための公園です。都心には明治《めいじ》神宮《じんぐう》や新宿御苑《しんじゅくぎょえん》などの規模の大きな緑地がいくつもあります。郊外では、北本《きたもと》自然観察公園、舞岡《まいおか》公園、私がよく行く芝川第一調節池《しばかわだいいちちょうせついけ》もウグイスが多い所です。さらに、海辺の城ヶ島《じょうがしま》などもウグイスがいる場所です。

環境は、とにかく藪《やぶ》があるところがねらい目です。林のなかにササが生い茂《しげ》っているところから、ヨシ原が広がっているところまで、とにかくウグイスが身を隠《かく》すところがあれば、そこにいます。

見つけやすいのは3月からのさえずりの時季

見つけやすいのは、3月からのさえずりの季節です。ウグイスはよくさえずる鳥です。昼間はずっと鳴いているので声でわかります。またウグイスは鳴きながら藪のなかを移動していくので、藪が途《と》切《ぎ》れたところで姿を見る機会があります。いずれにしても、おどかさないように遠くから時間をかけて観察すればするほど、姿を見るチャンスが増えます。

ササの動きから、ウグイスを見つける

冬のウグイスはさえずらないので、出会うためにはひと工夫、必要です。平地の緑地、公園や雑木林などでササのあるところに行くのは同じです。そこで「チャ、チャ、チャ……」「ジャ、ジャ、ジャ……」と笹《ささ》鳴《な》きで鳴いてくれれば、いるのがわかります。

ただ、笹鳴きはいつもしてくれるわけではありません。

姿の見えないウグイスを見つけるポイントは、ササの動きです。ウグイ

スがササのなかを移動していくときには、ササがゆれます。風だと一帯のササがゆれますが、ウグイスが止まって次のササに渡《わた》って行くときは1本か2本のササしか揺れません。ただ、ウグイスと同じようにササのなかにいる鳥もいます。可能性の高いのは、メジロです。

区別のポイントを紹介《しょうかい》しましょう。メジロは、人が近づくと警戒《けいかい》して飛び出してきます。ウグイスは、そのまま遠くへ移動していきます。またメジロの場合、冬は群れでいることが多く、数羽、多ければ10羽を超える群れでササをゆらします。周りでも点々とササがゆれていたらメジロです。

野鳥の姿が見えなくても、いろいろ推理をして「ここにいる鳥は何かな？」と名前を探り当てるのは楽しいものです。これもバードウォッチングの楽しみのひとつです。

ウグイスの鳴き声を録音してみよう

スマホやデジカメには録音機能が付いています。ICレコーダーも安くなって簡単に録音できるようになりましたので、ウグイスの鳴き声を録音してみましょう。

ウグイスの鳴き声はみんなが聞き慣れた声なので、録音を確かめたときに、いつも耳で聞いているようにちゃんと録れているかわかりやすい音声です。家のスピーカーから流したときも、自然のなかで聞いているのと同じように聞こえるか確認しやすいと思います。

気配を消してじっとしていればウグイスは近くに来て鳴いてくれます。録音を通して、鳥を警戒《けいかい》させない気配の消し方のコツが訓練できます。

ウグイスがさえずるのは藪《やぶ》のなかです。その先に山の斜面《しゃめん》などがあれば、まわりのノイズを防ぐことができます。もし谷間で鳴いてくれれば、音が反響《はんきょう》してさらによい雰囲気《ふんいき》に録れます。環境《かんきょう》によって音がどう変化するのか、録音機の位置でどう周囲の音が変わるかなど、ウグイスのさえずりを録音しながら試すことも可能です。

ただ、今まで書いたように、さえずりはウグイスにとって子孫を残すための大事な行動です。屋外で録音した音を流すとウグイスにとっては大迷惑《だいめいわく》となりますので、家に帰ってから聞いて楽しんでくださいね。

声で見る
鳥図鑑《ずかん》

この本に登場する
おもな鳥の
さえずり

ポイヒーピピ
ピールリピールリ
ジェッジェッ

オオルリ（夏鳥）

さえずる場所：沢沿いの森、
木のてっぺん
特徴：ゆったりした節回しで
長く鳴く

ポッピピリ
ピピロピピロ

キビタキ（夏鳥）

さえずる場所：森の中、灌木《かんぼく》の枝
特徴：きらびやかで早口で長く鳴く

キョロン
キョロン
ツリリ

アカハラ（漂鳥《ひょうちょう》）

さえずる場所：森の中、木のてっぺん
特徴：軽やかな節、間を開けてくり返す

カッコー
カッコー

カッコウ（夏鳥）

さえずる場所：草原の灌木《かんぼく》の
てっぺん、牧場の柵《さく》
特徴：やわらかい音を
2声ずつくり返す

ヒンカラカラ…

コマドリ（夏鳥）

さえずる場所：森の中、
地面に近い藪《やぶ》
特徴：軽快で流れるような節。
何度も鳴く

ピィツイィッビルルル
ピーチィピルピル

ミソサザイ（漂鳥《ひょうちょう》または留鳥《りゅうちょう》）

さえずる場所：渓流《けいりゅう》の岩や流木の枝先
特徴：早口で高い音で長く鳴く

キィー、キィー
ギチギチ…
ジュンジュン

モズ（漂鳥）

さえずる場所：畑など開けたところ、
杭《くい》や灌木《かんぼく》のこずえ
特徴：かん高く激しい鳴き方

キョッキョッ
キョキョキョキョ

ホトトギス（夏鳥）

さえずる場所：森の木の樹幹部、
飛びながらも鳴く
特徴：近くで聞くとけたたましい

キョキョキョキョ

コゲラ（留鳥）

さえずる場所：林や公園。木の幹や枝先
特徴：高く短い声で連続して鳴く。
「トロロ…」と聞こえるドラミングもする

チィチィチュ
チィーチィー
チィー…

メジロ（漂鳥《ひょうちょう》または留鳥《りゅうちょう》）

さえずる場所：公園や林、広葉樹のこずえ
特徴：金属的で速いテンポ。激しく変化する

ピーピーピルピリ

コガモ（冬鳥）

さえずる場所：公園の池などの水面
特徴：笛のような澄んだ声。単純

キィーキィー、コロンコロン、
キチ、キチ
（ときどきジャーがまざる）

ムクドリ（漂鳥または留鳥）

さえずる場所：地面、屋根の上など
目立つところ
特徴：複雑で変化に富み、
ときどき地鳴《じな》きも

チョチョビ、
チョチョビ
…ビー

ツバメ（夏鳥）

さえずる場所：電線、飛びながらも
特徴：抑揚《よくよう》のある節。最後ににごった１声

おわりに

科学について書かれた名著に、イギリスの科学者マイケル・ファラデーの『ロウソクの科学』があります。身近なロウソクをもとに化学と物理をやさしく解説した本です。中学生時代に読み「ロウソクが燃えることに、こんなにも深い〝事情〟があるのか」とおどろき、科学により興味をもつきっかけとなりました。

私の専門分野は野鳥や自然です。それを、どうやったらわかりやすく伝えられるかと、いつも考えています。そこで『ロウソクの科学』のロウソクのように、身近な野鳥であるウグイスを例にどこまで語れるか、ためしてみようと思って取り組んだのが本書です。

この本ではウグイスの鳴き声「ホーホケキョ」を、いろいろな分野から解説しました。「声の科学編」では自然科学と生物学の話を中心に、とくに鳥類学について取り上げました。さらに、鳴き声は音なので音響学《おんきょうがく》にもふれました。「日本人と鳥編」では、歴史や民俗《みんぞく》にかかわる人文科学の話も紹介《しょうかい》しました。それぞれ、歴史学、民俗学、あるいは社会学にまつわる話になりました。

ウグイスという1種の鳥だけを、それも「さえずり」だけを科学的に解説することで、はたして本になるのか……。正直、書き始めた時は不安でしたが、終わってみるとまだまだテーマはつきず、書き足りない気持ちです。それだけ、鳥の声から見えてくる世界が広いのかもしれません。

ところで私は、現代ほど科学的なものの見方が必要な時代はないと思っています。

今は、テレビやインターネットを通じて全世界から情報が集まりますが、あやしい情報があってもその真偽《しんぎ》はもとより発信元をたどることも簡単ではありません。自分自身でウソか本当かを判断しなくてはならず、それを見極めるための見識と知識が必要なのです。

科学的に物事を調べるには、記録を残し、結果を検証しなくてはなりません。実は科学的にものを見るのはとても面倒《めんどう》なことなのです。しかし、もし手抜《てぬ》きをすれば、原因や結果、効果について数値をもとにした比較《ひかく》ができなくなり、客観的な事実が把握《はあく》できません。この面倒さをむしろ楽しむことや、検証して問題を解決する喜びこそ科学の醍醐味でもあります。鳥の魅力《みりょく》を知ってもらうだけではなく、この本が科学的な見方をするきっかけになってくれたらと願っています。

この本の文章に絵をつけてくださったのは中村文《なかむらふみ》さんです。鳥についてこんな見方があったのかという、楽しい挿絵《さしえ》とマンガで本書をかざってくれました。写真は柳沼俊之《やぎぬまとしゆき》さん、橋本光男《はしもとみつお》さんにお世話になりました。本書のきっかけとなった『ロウソクの科学』は、筆者のマイケル・ファラデーが子どもたちのために講演した話で、本書も、私の講演を聞いたのをきっかけに理論社の大嶋奈穂《おおしまなほ》さんが企画《きかく》されました。大嶋さんのおかげで、わかりやすい内容と表現ができたと思います。紙上をお借りして、あつくお礼申し上げます。

２０１９年３月29日

松田道生

鳥の声が聞ける！

ウグイスなどこの本で紹介した鳥の声を理論社のホームページ（https://www.rironsha.com/）で聞くことができます。「世界をカエル 10代からの羅針盤」シリーズのなかの『鳥はなぜ鳴く？ホーホケキョの科学』の紹介ページにアクセスして、音声を聞いてみてくださいね。

松田道生（まつだ みちお）

1950年、東京生まれ。公益財団法人日本野鳥の会理事。執筆や講演、フィールドでの指導を通じて野鳥保護活動を行っている。NHKのラジオ番組『夏休み子ども科学電話相談』の野鳥分野の元・レギュラー回答者。本書のテーマに関わるものでは、現在放送中の文化放送のラジオ番組『朝の小鳥』の制作。野鳥の鳴き声図鑑である『日本野鳥大鑑鳴き声420』（小学館）の共同執筆。鳴き声を中心に解説した図鑑『鳴き声から調べる野鳥図鑑』（文一総合出版）の執筆。日本野鳥の会からCD6枚セットの『鳴き声ガイド日本の野鳥』を発行など。

中村文（なかむら ふみ）

同志社大学文学部卒業。文章、ときどきマンガ、ときどき絵本。趣味は散歩をしながら鳥を愛でること。声を聞いてはきょろきょろ、すがたを見てはにやにや、なかなか前に進みません。苦手な言葉は「一石二鳥」。著書に『ときめく小鳥図鑑』、『ときめく花図鑑』、『小鳥草子 コトリノソウシ』（山と溪谷社）がある。
HP「ちゅんの森」https://chunmori.tumblr.com

鳥はなぜ鳴く？
ホーホケキョの科学

著者　松田道生

絵　中村文

写真　柳沼俊之（カバーのウグイス、p218-219のカッコウ、コマドリ、ミソサザイ）

橋本光男（p219ホトトギス）

ほかすべて松田道生

デザイン　パパスファクトリー

発行者　内田克幸

編集　大嶋奈穂

発行所　株式会社　理論社

〒101-0062　東京都千代田区神田駿河台2-5
電話　営業03-6264-8890　編集03-6264-8891
URL　https://www.rironsha.com

2019年5月初版
2019年5月第1刷発行

印刷・製本　中央精版印刷

ISBN978-4-652-20308-8　NDC488　四六判　19cm　223p